JN096886

放射線計測学

古徳純一
保田浩志　著
大谷浩樹

放射線双書

通商産業研究社刊

ま　え　が　き

本書は，川島勝弘先生と山田勝彦先生の共著として1973年に通商産業研究社から出版されて以来，長年にわたって愛読されてきた「放射線測定技術」の改訂版である。このたびの改訂では，ますます高度化する医療に対応できる人材の育成を図るために，診療放射線技師の国家試験を受験する保健学科の学生を主な対象として，旧版の記述を近年の試験問題に即したものに大幅に改め，新しい情報も数多く追加して，内容を全面的に書き換えた。これに併せて，タイトルも「放射線計測学」に変更した。なお，本書の内容は医学物理士を目指す学生にも役立つものと確信している。

本書の執筆方針として，単なる記憶の整理のために事実を羅列した受験参考書になることはなるべく避けるように努め，大事な部分の考え方をまずしっかり記述するようにした。また，例題を随所に入れることで，読者の理解を助け記憶の定着をはかるとともに，1 年間の講義に使い勝手が良いものとした。

また，本書では，新しいアプローチとして，これまで放射線防護の分野として語られていたことの一部を計測学の中に取り入れた（5 章参照）。最近の法令改正の内容（2021 年 4 月に施行された眼の水晶体に係る等価線量限度の変更等）もいち早く紹介している。これは，福島第一原子力発電所事故後，防護と密接に結びついた放射線測定技術についての手頃な教科書がなく不便な思いをしたという，筆者たちの経験に基づいてのことである。これらの対処により一層実践的な教科書になったと思う。

本書を読むのに，高校レベルを越える特別な予備知識は要しないが，偏微分程度の大学で習う初歩の解析の知識や基本的な物理学の知識が必要となる。理解が難しければ，最初は読み飛ばしても構わない。

著者たちは，大学で放射線測定評価に関する教育に長年携わってきており，本書の内容には，その中で培われた経験を基にした工夫を随所に散りばめてある。ただし，本書はあくまで入門書に過ぎないので，より広範で詳細な知識を身につけたい読者は，例えば本シリーズの「放射線物理学」や「放射線安全管理学」など，他の優れた教科書を参照されるとよいだろう。

本書の原稿を執筆するにあたっては，1 章，4 章および 6 章を主に古徳が，2 章および 5 章を保田が，3 章を大谷が担当し，三人による全体のクロスチェックを経て書き上げた。正確で理解し易い記述にするよう注意を払ったが，まだ説明の至らぬ箇所があると思う。お気づきの点があればご叱責を賜りたい。

最後に，帝京大学の小林毅範教授には原稿の一部に目を通して頂き，貴重なご助言をいただいた。本書の執筆者として筆者たちをご推薦くださった帝京大学の鈴木崇彦教授には，折に触れ応援をいただいた。また，本書の手本となった前版の執筆にご尽力いただいた山田勝彦先生，そして本書を仕上げるにあたってひとかたならぬお世話になった通商産業研究社の八木原氏には，この場をお借りして厚く御礼申し上げる次第である。

2021年8月

古徳純一，保田浩志，大谷浩樹

目　　　次

目　　次

1．放射線計測の基礎

放射線計測は実験物理学の一分野として始まり，現在では，放射線を計測する方法についての考え方や具体的な方法論をまとめた分野は，放射線計測学と呼ばれている。

1.1　放射線の定義と種類

医療の世界で放射線と言えば，簡単には，物質中で電離，励起などの過程を通して，物質にエネルギーを付与していくような粒子を指している，というと，一見，定義がはっきりしていそうな概念であるが，物理的には，比較的曖昧な概念である。たとえば，どの辺りのエネルギーから光子を放射線と呼ぶかなどの話は，むしろ実用上の立場から法律的に一応定義されている程度であって，物理的にはそれほど明確な基準があるわけでは無い。

物質中で電離や励起を通して，と述べたが，入射粒子が必ずしもすべてのエネルギーを直接に電離で与える必要はない。たとえば，光子の光電吸収の例でいうと，光子は，光電子を作り出した瞬間には，電離を起こしたと考えることができるが，その後は光電子が物質中で電離や励起を通して，物質にエネルギーを付与する。このように，エネルギーを付与する担い手となる荷電粒子を生み出す非荷電粒子のことを間接電離放射線と呼んでいる。間接というのは，直接エネルギーを付与しているのは，あくまで荷電粒子であるという立場からの呼称であろう。

直接電離放射線の例としては，放射性同位元素から出る α 線，β 線のほか，加速器から発生する電子線，陽子線，重陽子線，その他の重荷電粒子，さらには電荷を帯びた核分裂片などの直接電離粒子などがある。間接電離放射線として，光子の他に重要なものは，中性子である。

ところで，放射線のことを語る場面では，「放射能」といいう言葉が，よくマスコミなどで使われることがある。放射能とはどれだけの数の放射性壊変が単位時間に起こるかで定義される量であって，「放射能が漏れる」や「放射能が広がる」といった表現は厳密には意味をなさない。これらの表現は，本来なら放射能を持つ物質が漏れるという意味で「放射性物質が漏れる」や「放射性物質が広がる」と書かれるべきであるが，慣習的に上記のよう書くこともある。放射線を取り扱うプロを目指す君たちは，本来の意味で使えるようにしよう。

1.2　放射線の利用（診断・治療を中心として）

放射線技師を目指す読者は，放射線計測が医療現場のどのような場面で用いられているかに興味があるだろう。病気の診断を行うことを考えてみよう。健康診断でX線写真を撮られたり，事故に遭った際に CT で撮影された人もいるかもしれない。その際，人間の目では見ることのできない，体内の様子が可視化されている様子に感激した人もいるだろう。

人間の目は，電磁波のうち，可視光と呼ばれている 400 nm から 800 nm 程度のごく狭い範囲にしか感度を持っていない。この波長帯の電磁波は，人間の体ですべて吸収されてしまうので，肉眼では体内の情報を得ることはできない。ところが，これより波長の短い電磁波（粒子のようにとらえる方が適切）になってくると，体の中で一部の光子だけが相互作用し，残りは透過するようなってくるので，適切な検出器を配置すれば，体内の情報を外部から可視化することができるようになる。

さらに，癌などの腫瘍にダメージを与える目的でも，各種の放射線が使用される。たとえば，数 MeV 程度の光子を患者に向けて照射すると，狙った腫瘍の存在する部位の辺りでエネルギーを大きく付与することで，腫瘍を制御することができるようになる。このような治療は，現在では医療用の直線加速器を用いて日常的に病院で行われているものである。

1.3　放射線計測の目的とターゲット

放射線計測は，こういった放射線を利用する上での放射線の様々な情報を取得し，理解や応用に役立てることが目的である。そもそも感知できないものを使うことはできないので，放射線を利用するものにとっては，まず最初にマスターするべき項目である。

この教科書は，おもに医療用の用途を前提とした解説を行うので，ターゲットとなる粒子とその用語について，最初に確認しよう。

まず，光子を表す言葉として，γ 線と X 線という似た名前の二つの言葉がある。2 種類の言葉があるのは，発見当時は正体不明だった放射線に区別した名前を与えたためである。歴史的な区別では，原子核の励起状態から放射される光子のことを γ 線とよび，電子の制動放射の結果生じる幅の広いエネルギースペクトルを持つ放射線のことを X 線と呼ぶ。したがって，γ 線といえば，通常メガ電子ボルトくらいの光子を一つイメージし，X 線といえば，多数の異なったエネルギーをもつ光子の集団をイメージすればよいと思う。

放射線治療の計画線量に要求される精度は，現在では 2～3%以内となっており，高精度の計測が日常的に要求されている。

荷電粒子についていえば，α 線，β 線が主な計測の対象である。電子線（本質は β 線と同じだがエネルギー領域が，かなり異なる），陽子線や π 中間子線，その他の高エネルギー重荷電粒子線も，近年では対象とする放射線になりつつある。

また，特に最近は，中性子捕捉療法のリバイバルで中性子の医学利用が再び脚光を浴びている。非常に高いポテンシャルをもつこの療法は，まだ日常的な診療にまでは普及しているとは言いがたいが，今後，そうなる可能性は十分に秘めている。

1.4　放射線と物質の相互作用

1.4.1　電子と物質の相互作用

電子は，電荷を持っているために，クーロン力を感じることができる。ところで，我々が日常に目にする物質は，マクロに見れば中性であるが，ミクロに見ると原子の集団からなっており，原子は，中心に正電荷を持つ原子核があって，そのまわりに電子が存在している。そのため，電子が物質中に入りこむと，そこかしこに負の電荷を持った他の電子が存在しており，それらは入射電子にとってすべて電磁相互作用の対象となる。

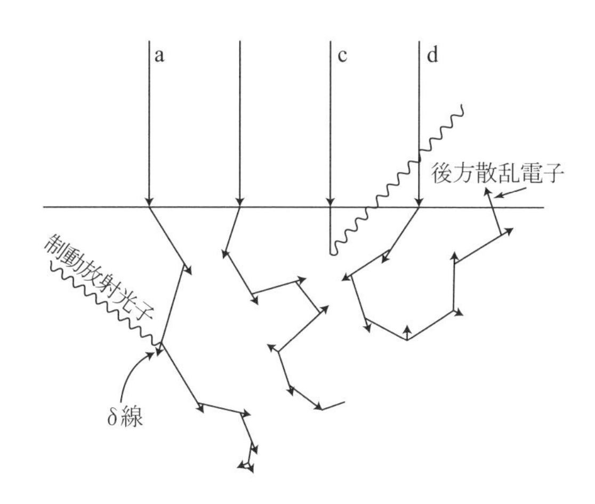

図 1.1　電子と物質との相互作用

図 1.1 は，電子と物質の相互作用の模式図である。原子中の軌道電子と入射電子の間で起こる代表的なクーロン相互作用による現象は，電離と励起である。大まかには，軌道電子が電子の束縛エネルギーを越えるほどのエネルギーを獲得した場合には電離がおこり，それ未満のエネルギーをもらった場合には，励起になるとイメージすると良い。電離と励起に使われるエネルギーは非常に大雑把にいって半々ほどと見積もられている。これらの電離，励起は，入射電子から見れば，自分のエネルギーを失っていくことに対応するので，衝突損失と呼ばれている。

ところで，特に電子のエネルギーが高い場合や，ターゲット原子核の原子番号が大きい（すなわち，原子核の正電荷が大きい）場合には，クーロン力が強くなるので，電子が大きな加速度を受け，結果として電磁波を放射する，いわゆる制動放射と呼ばれる現象が起こる。この場合にも，制動放射光子のエネルギーは，電子にとってはエネルギーの減少となるので，放射損失と呼ばれる。

入射放射線がたとえ最初は単一エネルギーを持つ集団であっても，物質中を進んでいく過程で，深さによってエネルギースペクトルは変化する。たとえば単一エネルギーの荷電粒子の場合，物質中を進むに従い，電離や励起によるエネルギー損失が積み重なっていくので，一次放射線のエネルギーは，全体として徐々に低下する。また，こうした電離や励起の起こり方は全くのランダム現象なので，失ったエネルギーは，入射放射線の全てについて同一とはならず，ある平均値のまわりにばらつくことになる。すなわち，最初は集団として線スペクトルであったものが，深さを増していく度にエネルギー分布に広がりができてくる。こうした変化は，荷電粒子の中でも電子の場合が最も激しく，制動放射や δ 線の発生があると，さらにばらつきが現れてくる。電子が炭素に入射した場合，エネルギースペクトルが深さとともにどのように変わるかを示したのが，図 1.2 である。

衝突損失は，物質の原子番号 Z にほとんどよらないのに対し，放射損失は，Z^2 に比例し電子のエネルギーとともに増大する（図 1.3，図 1.4 参照）。

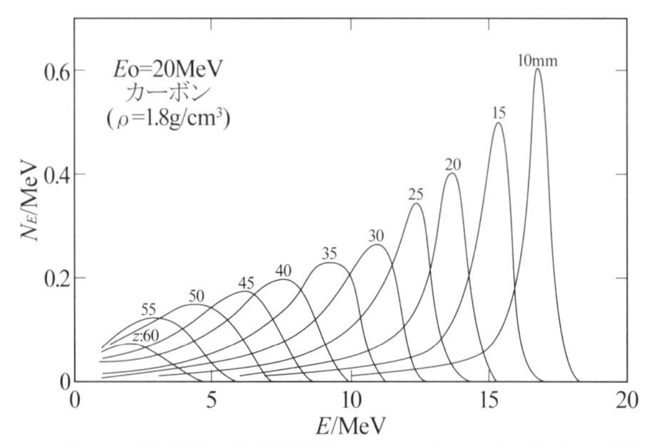

図 1.2 電子線の物質通過によるエネルギー分布の変化

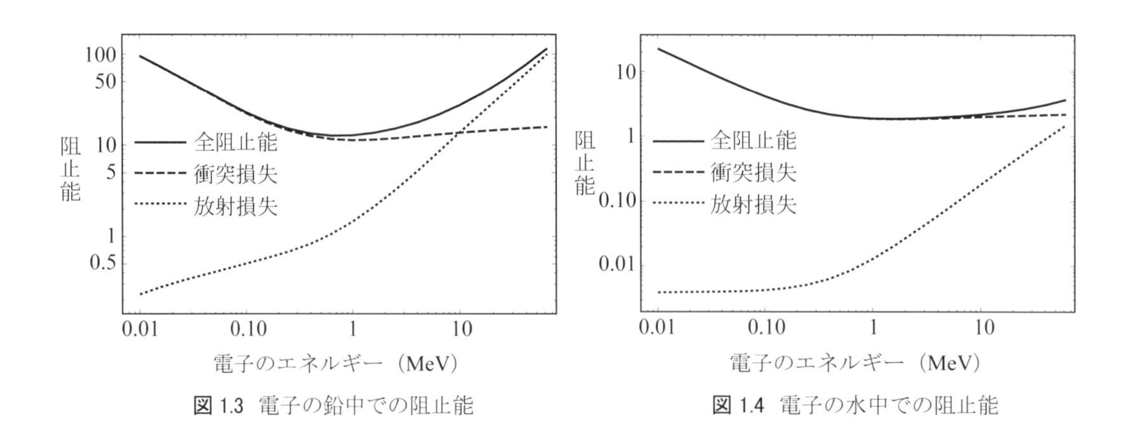

図 1.3 電子の鉛中での阻止能

図 1.4 電子の水中での阻止能

放射線関係法規概説

－医療分野も含めて－

B5判　定価　３７４０円
（本体3400円＋税）

川　井　恵　一　著

放射線医療応用現場に携わる者が学ばねばならない「診療放射線技師法」、「医療法施行規則」、「電離放射線障害防止規則」、「人事院規則（職員の放射線障害の防止）」そして「放射性同位元素等規制法」のうち各法令の放射線利用に関連する部分を抜粋し詳述。法令の構成を理解し、比較しながら学習できるので教科書としても好適！

MRIの原理と応用

－基礎からEPIまで－

ルイテン・ヤンセン編著
石川徹監訳，今村・栗原共訳

B5判　定価　３５２０円
（本体3200円＋税）

オランダ Philips 社 MR 臨床科学部と教育訓練部の共同著作「Basic Principles of MR Imaging」の全訳。量子力学や高度な数学の知識なしに、MR の物理的原理、MR装置、画像形成の原理から最新の EPI（エコープラナー法）技術や応用分野までを、平易に系統的に学習できる。多数の適切な図と画像により視覚的にも理解しやすく、教科書としてだけでなく現場の技師・医師の入門書に好適。

「放射線技術者のための」シリーズ

放射線技術者のための
基　礎　数　学

品　切

松本雅道・岸田邦治著

微分・積分、微分方程式とその応用、確率、フーリエ解析など放射線技術者に必要な数学の基礎知識を広範囲にわたり解説したユニークなテキスト。放射線技師学校、医療短大の教科書としても好適。

放射線技術者のための
画　像　工　学

定価　２９９０円（本体2718円＋税）

内田　勝・山下一也・稲津　博著

経験と「カン」に頼る撮影から脱皮して科学的な基礎に立脚した撮影を実施するために、最新の画像工学理論とその放射線撮影系への導入の実際を平易に解説。放射線撮影学のテキストとしても好適！

放射線技術者のための
電気・電子工学

定価　２８６０円（本体2600円＋税）

内田　勝・仁田昌二・嶋川晃一著

放射線技術に必須の電気・電子工学の全分野を網羅した好テキスト。初歩的な基礎理論から最新の各種応用技術にいたるまで非常に広範囲な内容を平易に解説。独習用にも学校の教科書としても好適！

〒107－0061 東京都港区北青山2－12－4　**通商産業研究社**　TEL 03－3401－6370 FAX 03－3401－6320

電子は，陽子と同じ電荷を持つので，同じ大きさのクーロン力が働く。しかし，その質量が陽子と比べて約 1800 分の 1 であるため，原子核と相互作用を起こすと，方向変化が生じるのは電子の方である。これらは，多数回の小角度散乱からなる成分と，まれに起こるラザフォード散乱などの大角度散乱との合成として角度分布に現れる。

1.4.2 光子と物質の相互作用

光子がどのくらい物質で相互作用をするかを測るための一つの簡単な方法は，光子の集団を物質に照射して，その透過率がどの程度かを調べる方法である。光子と物質の相互作用を議論する上で頻繁に現れる減弱係数 μ について定義を述べることにしよう。

今，物事を単純化し，光子と原子の相互作用のおこる確率が一定だとすると，ある場所 x で $I(x)$ 個あった光子は，ちょっと物質を進んだ後には $I(x)$ に相互作用の確率をかけた分だけ光子の数が減少していると考えることができる。そこで，この関係を

$$\frac{\mathrm{d}I(x)}{\mathrm{d}x}=-\mu I(x)$$

という微分方程式の形で書き表す。ここで μ が一定の定数であると仮定すると，上の微分方程式は，

$$I(x)=I_0 e^{-\mu x}$$

という解を持つ。この解をグラフにしたものが図 1.5 である。指数関数は，片対数グラフで見ると，直線になるので，図 1.6 のように見える。

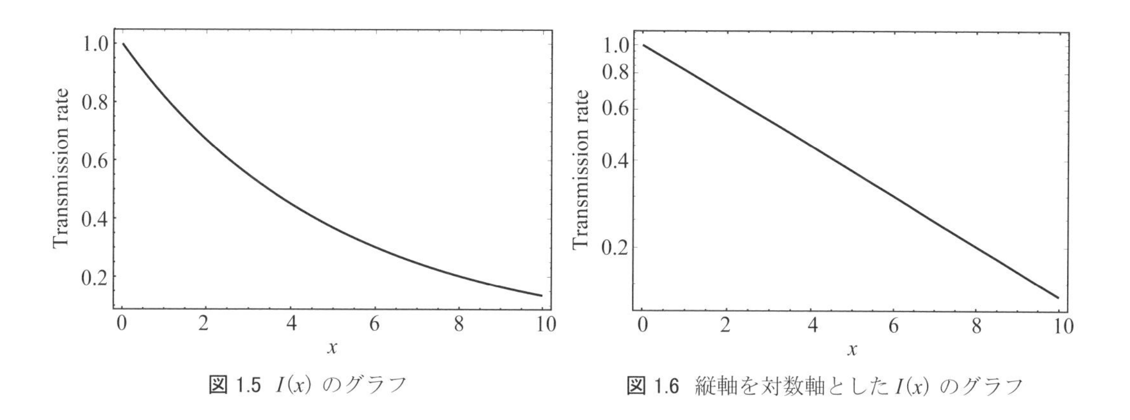

図 1.5 $I(x)$ のグラフ　　**図 1.6** 縦軸を対数軸とした $I(x)$ のグラフ

ここまで準備した上で，いろいろな物質に対する光子の減弱係数を見てみよう。図 1.7 は，エネルギーに対する光子の質量減弱係数を表したものである。この図で大事なことは，減弱係数がエネルギーの関数として描かれていると言うことである。したがって，単に光子というだけでは，放射線の性質を論じる上では不足である。光子のエネルギーをいつも気にすることにしよう。

なお，多くのデータブックや教科書では，減弱係数そのものではなく，図 1.7 のように減弱係数 μ を質量 ρ で割った質量減弱係数 $\frac{\mu}{\rho}$ を示すことが多い。こうしておくと，同じ物質の異なった密度のものに対しても，簡単に μ を計算できるからである。

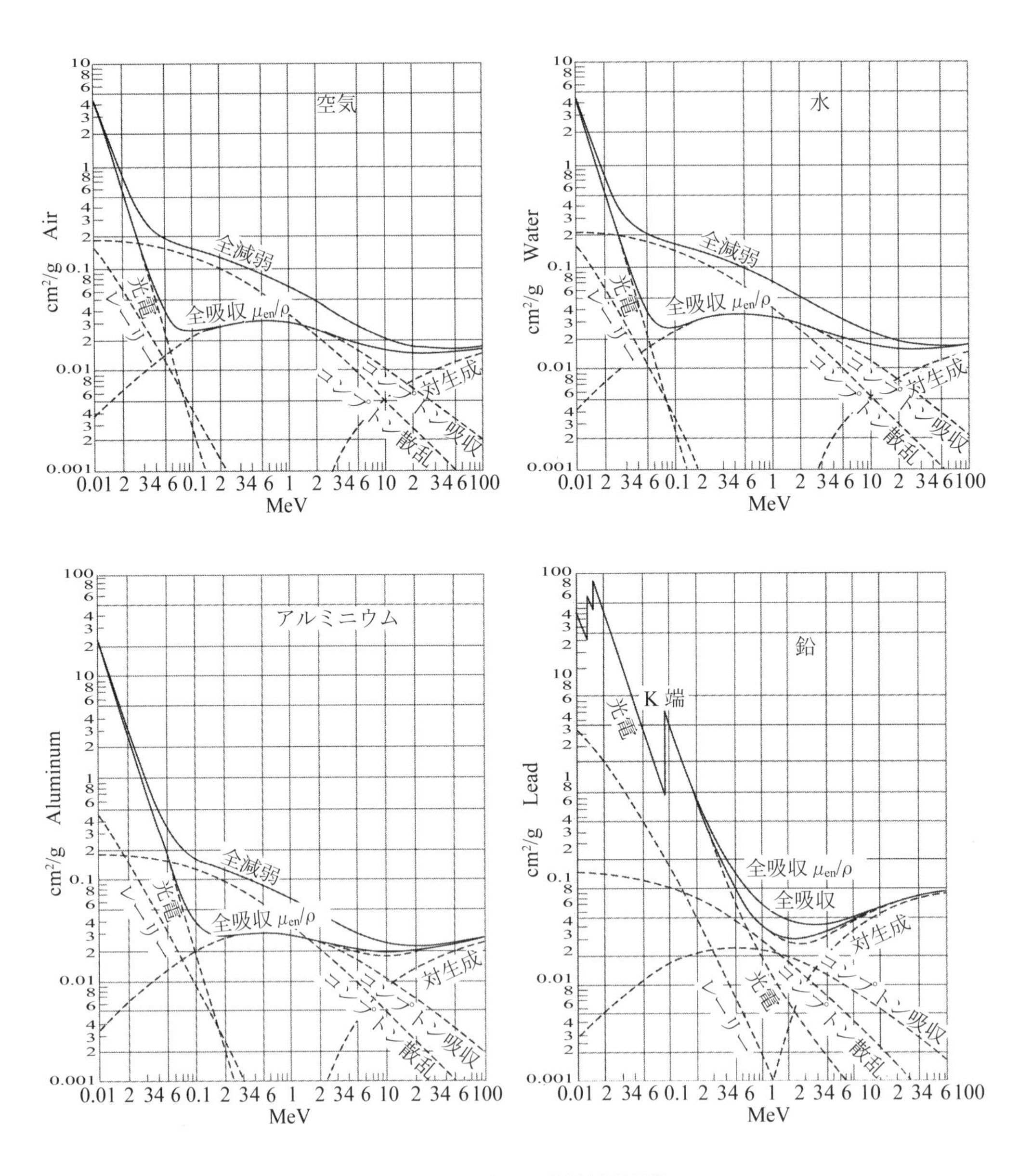

図 1.7 光子の質量減弱係数

医療用の放射線としてあつかわれるエネルギー帯を考えると，低エネルギー領域での放射線は，光電吸収の確率が高いことがわかる。後で述べるように，光電吸収は原子番号に非常に強い依存性を持つ。そのため，診断領域での光子の遮へいには，鉛など原子番号の大きな材料を利用したエプロンや，鉛入りのガラスなどを利用する。また，治療に使用するエネルギー帯の光子は，コンプトン散乱が人体で支配的な相互作用になる。したがって，放射線治療で患者に対して照射されるビームの大半は，コンプトン散乱による反跳電子を通して患部にエネルギーを付与していると考えることができる。

1）光電効果

光電効果は，光子が物質中の軌道電子に吸収され，電子が原子の外に飛び出す現象である。この反応は，入射光子から見れば自分自身が消滅したように見えるので，光電吸収とも呼ばれる。

光電効果の顕著な性質は，散乱断面積の原子番号に対する依存性である。物質の原子番号を Z で表せば，1 原子当たりの散乱断面積は Z^5 に比例する。放射線利用の観点から見れば光電効果は光子の消失であり，遮へいとして，うってつけの反応である。そこで，たとえば IVR などの現場や，その他診断用の放射線を取り扱うような場面では，原子番号の大きい鉛を遮へい用に使用することが多い。

2）コンプトン散乱

電磁波のエネルギーが高くなってきて，波としてよりもだんだんと粒子としての振る舞いの方が意味を持つようになり，内殻の軌道電子の束縛エネルギーがほとんど無視できるようなエネルギーになると，コンプトン散乱と呼ばれる相互作用が起こるようになる。この散乱は，入射光子が電子をはじき飛ばし，入射光子がエネルギーの低い光子として散乱される現象である（図 1.8）。はじき飛ばされた電子は反跳電子と呼ばれる。

物理学で学習したように，このとき，入射光子のエネルギーを $h\nu$，散乱光子のエネルギーを $h\nu'$，電子の質量を m_e，真空中の光速度を c とすると，

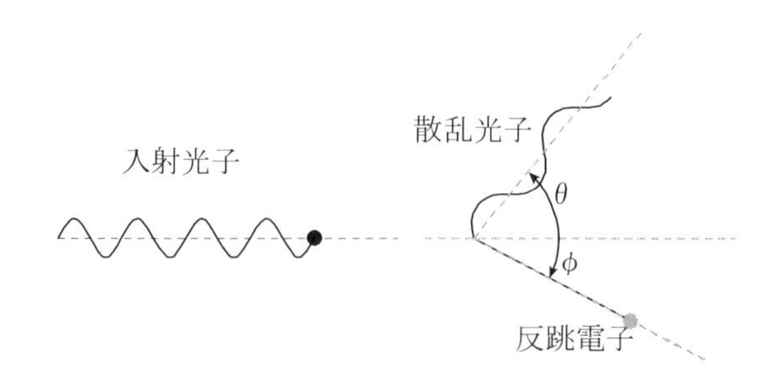

図 1.8 コンプトン散乱の模式図

$$h\nu' = \frac{h\nu}{1 + \frac{h\nu(1 - \cos\theta)}{m_e c^2}}$$

の関係が成り立つ。反跳電子のエネルギー $E_e = h\nu - h\nu'$ は，したがって散乱角度の関数となり，散乱角度は連続的に分布するので，反跳電子のエネルギー分布も連続スペクトルを示す。

コンプトン散乱で重要なことは，質量減弱係数が，厳密には Z に依存するにせよ，その依存性が小さいということである。質量減弱係数は，電子密度に比例する。そのため，放射線治療などにおいては，治療のエネルギー領域における主反応であるコンプトン散乱の断面積を計算するために，CT 値を電子密度に変換して使用したりする。

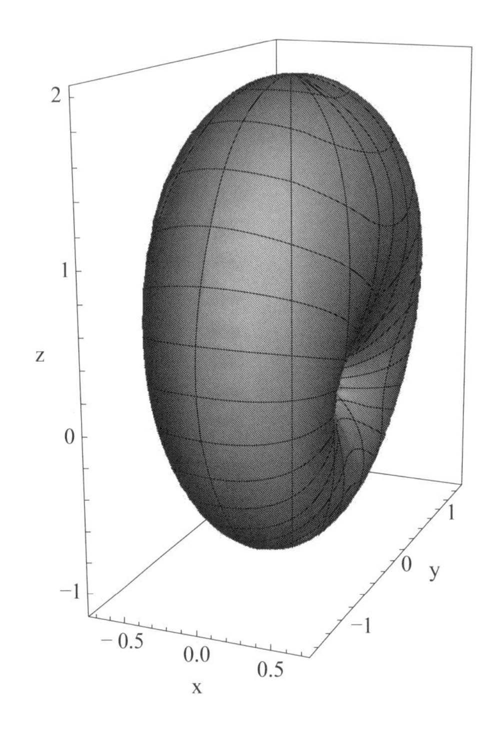

図 1.9 コンプトン散乱の角度分布

3）電子対生成

光子が電子と陽電子を生成する反応を電子対生成と呼ぶ。光子は電荷を持たないから，電子が生成されたとすると，電荷の保存則から，もう片方の粒子は正の電荷を持たねばならず，陽電子とペアになることに注意する。

また，この反応は，真空中では勝手におきないことにも注意しておこう。もしこの反応が物質のない場所でもおこるなら，宇宙のはるかかなたから来る光が電子対生成を起こして陽電子を生成するので，宇宙の広い範囲で対消滅放射線が観測されるはずであるが，そのような事実は確認されていない。じつは，真空中では運動量の保存則とエネルギーの保存則を同時に満たすことができないので，この反応は起こらないことが知られている。電子対生成は，原子核近傍のクーロン場で起こる。このクーロン場が，運動量を受け止めてくれるからである。

対消滅

電子と陽電子が対消滅すると，消滅放射線と呼ばれる光子が出現する。運動量の保存則から，対消滅放射線は2本で互いに180度の方向に出ることに注意しよう。この性質を利用して，PETなどでは放射の位置を決定するのに役立てている。

【例題】 30 keVの光子が水に入射した場合の相互作用はどれか。二つ選べ。

1. 光電吸収
2. 光核反応
3. 核破砕反応
4. 電子対生成
5. コンプトン散乱

【解答】 1，5

4の電子対生成，2の光核反応は，ともに閾値がずっと高いエネルギーにある。3の核破砕反応は，加速した原子核をターゲット原子核にあてて複数に分裂させるような反応を指すので，解答には該当しない。

【例題】 光電効果について，次の選択肢の中で正しい文章はどれか。

1. 軌道電子との弾性散乱である。
2. 断面積は吸収端で急激に変化する。
3. 光電子の反跳角は原子に固有の値となる。
4. L吸収端のエネルギーはK吸収端より高い。
5. 入射光子と光電子の運動エネルギーは等しい。

【解答】 2

1については，光電効果は散乱というよりも吸収である。

3については，光電子の反跳角は，連続的に分布するのが正しい。

4については，K殻のほうがより内側の軌道なので，結合エネルギーが大きく，したがって，K吸収端のほうがL吸収端よりも高いエネルギーの位置にくる。

5.光電子の運動エネルギーは，入射光子のエネルギーより軌道電子の結合エネルギー分小さくなる。

1.4.3　中性子と物質の相互作用

中性子と物質の相互作用の様式は，複雑である。その理由は，中性子が，核力と呼ばれる強い力を基本的な要素とする力を媒介として原子核と反応をするためである。

中性子は，陽子とほぼ同じ質量をもっているにもかかわらず，電荷をもっていないため，物質との相互作用は，

① スピンによる磁気的相互作用（非常に弱いが中性子回折に利用）

② 核力による相互作用（核力のおよぶ範囲は 10^{-13} cm 程度と非常に小さい。衝突の断面積は 10^{-24} cm^2 から 10^{-20} cm^2 におよぶものまであり極めて複雑）。

などを起こす。

この 2 者のうち，測定上問題となるのは，核力に基づくものであり，広い意味での複合核を形成し，いろいろな型の核反応が起こる。たとえば，① 弾性散乱（n，n）　② 非弾性散乱（n，n′）　③ 捕獲反応（n，γ）　④ 荷電粒子放出反応（n，p），（n，α）など　⑤ 核分裂（n，f）　⑥ 蒸発過程などがあげられる。上記の分類は大まかなものであり，たとえば弾性散乱でも，ポテンシャル散乱と弾性核散乱に分けられるなど色々あるが，本書の目的の範ちゅう外であるので，上記の分類で要点のみをまとめておく。

①の弾性散乱で，とくに計測上重要なのは，中性子の陽子による散乱である。放出される反跳陽子のエネルギー（E_p）は，0から中性子のエネルギー E_n まで分布している。入射中性子と反跳陽子とのなす角をθ（実験室系）とすると，陽子のエネルギーE_pは，$E_p = E_n \cos^2\theta$ と一義的に決まる。

E_nが 10 MeV 以下では，重心系での角度分布は等方的であり，したがって陽子エネルギーが，E_p と $E_p + dE_p$ との間にある確率は，0 と E_n との間で一様であり，一回の衝突毎に中性子が失う平均エネルギーは，$E_n/2$ と物質中最大となる。

こうした中性子の陽子による散乱現象は，中性子の計測にとくに重要であり，含水素物質を用いた中性子の検出，速中性子の線量計測（組織等価電離箱，ハースト型比例計数管），リコイルプロトン（反跳陽子）型のカウンタテレスコープとして，スペクトル分布の計測などに利用されている。水素の断面積を図 1.10 に示した。

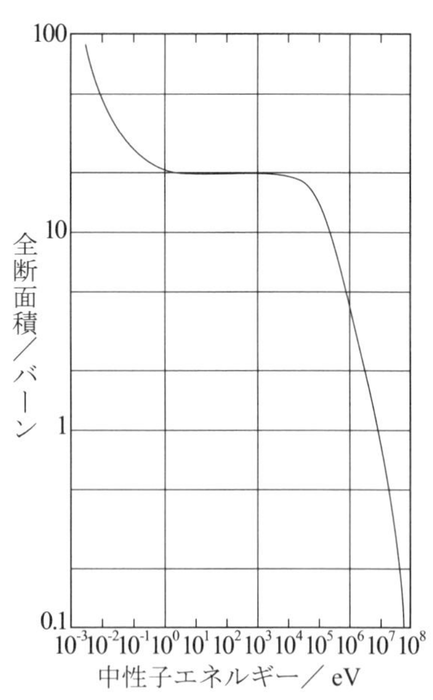

図 1.10　中性子に対する水素の断面積

②の非弾性散乱は，入射中性子がターゲットの原子核を励起状態に押し上げるものである。そのため，ある閾値以上のエネルギーをもつ中性子がこの現象を引き起こす。例えば，ターゲットが炭素の場合は 4.8 MeV が閾エネルギーである。

③の捕獲反応としては，図 1.11 に ^{115}In の中性子に対する断面積を示したが，核反応の主体は ^{115}In+n＝^{116}In+γ であり，1.4 eV のところに断面積 σ が，27,000 バーンにも達するような強い共鳴がある。それ故，1.4

eVの中性子束の測定に有効である。

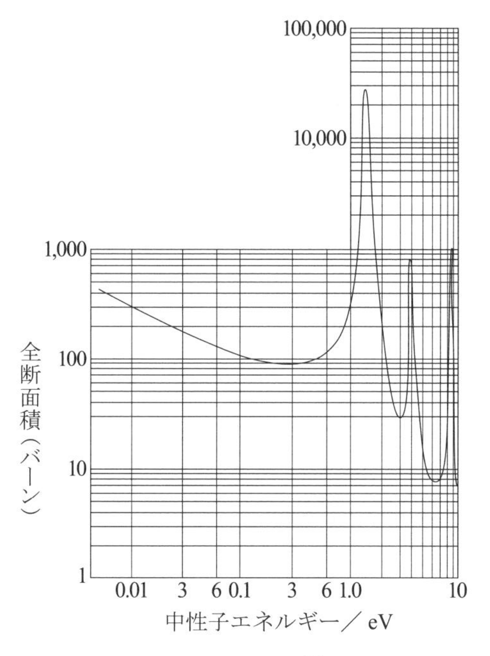

図 1.11 中性子に対する ^{115}In の断面積

また，熱中性子の検出に有用な通常の捕獲反応などを表 1.1 に示す。

表 1.1 熱中性子検出器として有用な反応

核種	反応	生成核種の半減期	反応断面積 $\sigma_0\times10^{24}cm^2$	応用例※
^{3}He	$(n,p)^{3}H$	12.3y	5327	PC,SD
^{6}Li	$(n,t)\,^{4}He$	stable	945	SC,SD
^{10}B	$(n,\alpha)^{7}Li$	stable	3837	PC,PT,SC,IC,SD
^{23}Na	$(n,\gamma)^{24}Na$	15.0h	0.534	BC
^{45}Sc	$(n,\gamma)^{46}Sc$	85d	22.3	FC
^{51}V	$(n,\gamma)^{52}V$	3.8min	4.9	FC
^{55}Mn	$(n,\gamma)^{56}Mn$	2.58h	13.3	BC,FC
^{59}Co	$(n,\gamma)^{60}Co$	5.24y	36.6	FC
^{63}Cu	$(n,\gamma)^{64}Cu$	12.8h	4.5	FC
^{115}In	$(n,\gamma)^{116m}In$	54min	157	FC
^{157}Gd	$(n,\gamma)^{158}Gd$	stable	242000	SD
^{197}Au	$(n,\gamma)^{198}Au$	2.70d	98.8	FC
^{235}U	fission	many	577	PC,IC,PT,SD

※ BC:bath counting incorporated into salt solution
FC:foil counting
PT:particle track production in insulating materials
IC:use in ionization chamber
PC:proportional counter
SC:incorporated into scintillator
SD:converter for semiconductor detector

④の荷電粒子放出反応のうち，熱中性子の測定に重要な反応は（いずれも発熱反応），
（イ）^{3}He（n，p）T　（Q＝0.765 MeV）
（ロ）^{6}Li（n，α）T　（Q＝4.78 MeV）
（ハ）^{10}B（n，α）^{7}Li　（Q＝2.79 MeV）
^{10}B（n，α）^{7}Li*　（Q＝2.31 MeV）
^{7}Li*→^{7}Li+γ（0.48 MeV）

（イ）は ^{3}He を比例計数管用ガスとしたり，表面障壁型半導体検出器と組み合せて使用，（ロ）は ^{6}Li 入りシンチレータ（LiI(Eu)）や，表面障壁型半導体検出器と組み合せ，（ハ）は BF_3 比例計数管や，電離箱の内壁に ^{10}B を塗布したり，プラスチック中に ZnS(Ag) と ^{10}B とを混合したシンチレータとして測定に広く用いている。

この他，E_n がある値以上にならなければ核反応を起こさないような，吸熱反応を利用した速中性子用のしきい検出器として，表 1.2 に示したものが使われている。

⑤の核分裂反応としては ^{235}U（n，f）か ^{239}Pu（n，f）（Q～200 MeV）が，主として熱中性子の検出に用いられる（フィッション電離箱）。代表的な核分裂片の特性を表 1.3 に示す。

また，^{238}U や ^{237}Np も，表 1.2 にも示したように，しきい検出器として用いることができる。

中性子の計測は以上述べたように，基本的には，速中性子のままか，水かパラフィンなどの含水素物質を用いて減速し，熱中性子としてから核反応を起こさせ，その結果飛び出る γ 線や重荷電粒子（p，α のほか，反跳核や核分裂片など）を検出したり，反応の結果として生成された放射性同位元素からの誘導放射能を検出することにより行われる（図 1.12 参照）。

⑥の蒸発過程は 100 MeV 以上の中性子を，Z の大きい物質が捕獲したときに，α 線など，いろいろの粒子を放出する現象である。

表 1.2　中性子用しきい検出器

	E_{min} MeV	E_{opr} MeV
^{103}Rh(n,n')^{103m}Rh (a)	0.04	
^{115}In(n,n')^{115m}In (b)	0.34	0.6
^{31}P(n,p)^{31}Si	0.7	2.0
^{32}S(n,p)^{32}P	1.0	2.2
^{58}Ni(n,p)^{58}Co＋^{58m}Co	0.0	1.9
^{54}Fe(n,p)^{54}Mn	0.0	2.4
^{27}Al(n,p)^{27}Mg	1.9	3.8
^{56}Fe(n,p)^{56}Mn	3.0	5.7
^{46}Ti(n,p)^{46}Sc	1.6	
^{24}Mg(n,p)^{24}Na	4.9	6.4
^{27}Al(n,α)^{24}Na	3.2	6.6
^{63}Cu(n,2n)^{62}Cu	11.0	12.0
^{237}Np(n,f)	0.0	0.6
^{238}U(n,f)	0.0	1.3

E_{min}:反応に要する最低エネルギー（計算）
E_{opr}:実用上のしきいエネルギー

表 1.3　^{235}U の主な核分裂片

質量数	97	138
Z	38(Sr)	54(Xe)
E(MeV)	97	65
υ(cm・s^{-1})	1.4×10^{9}	9.3×10^{8}
$(Z)_{eff}$	20	22
R(cm)	2.5	1.9

E,υ,$(Z)_{eff}$ は分裂直後の運動エネルギー，速度,荷電数。R は 1 気圧の空気中における飛程

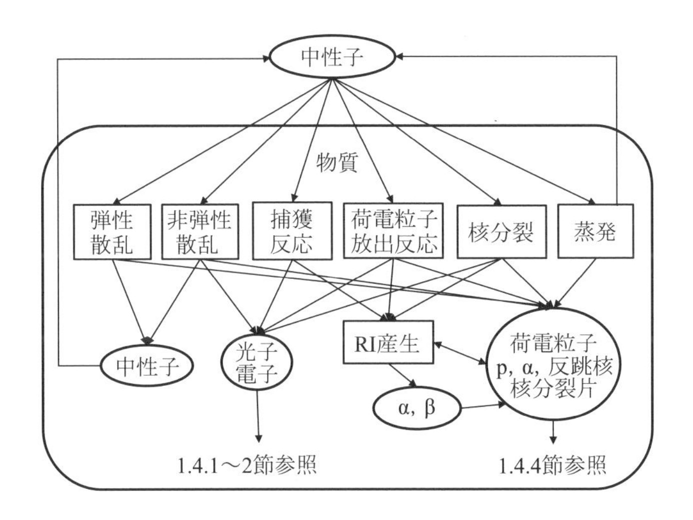

図 1.12 中性子と物質の相互作用

【例題】 速中性子の減速材として適しているのはどれか。二つ選べ。

1. 鉄
2. 鉛
3. パラフィン
4. アルミニウム
5. ポリエチレン

【解答】 3，5

高速中性子は，弾性散乱を通して減速させる。弾性散乱による減速効率が最も良いのは，中性子と同じ程度の質量をもつターゲットであるから，水素原子が理想的である。解答としては，水素原子を多く含む有機化合物を選べば良い。

1.4.4 重荷電粒子と物質の相互作用

陽子線，重陽子線，α 線といった，電子よりも質量の大きい荷電粒子を**重荷電粒子**と総称する。重荷電粒子と物質との相互作用についての概略を図 1.13 に示す。

重荷電粒子には質量や電荷の異なる種々の粒子があるが，いずれもほぼ α 粒子と同じような相互作用，すなわち主として励起と電離を通じてエネルギーを失う。質量が α 粒子よりも小さいものにあっては，α 粒子と電子との中間の相互作用を示し，弾性散乱による方向変化の確率が多少高まったりする。その場合も，エネルギー損失の主役が電離や励起現象であることに変わりはない。

α 線やそれよりも重い荷電粒子では，主として軌道殻電子との非弾性散乱により電離や励起を起こし，物質中を直進していきながら，その運動エネルギーを失い，ある位置で止まる。

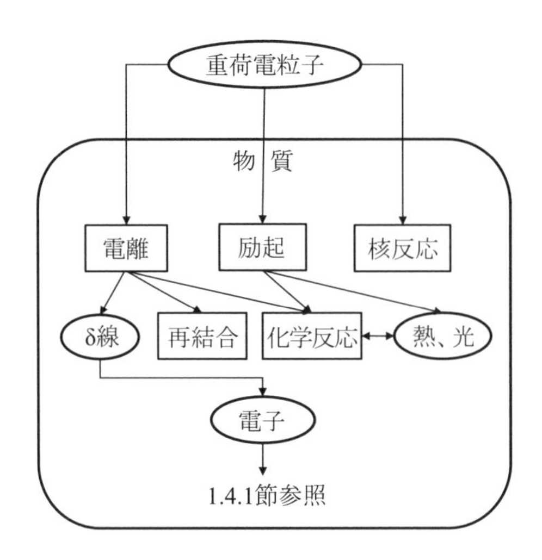

図 1.13 重荷電粒子（α, p, π^-, d, 核分裂片など）と物質との相互作用

この止まるまでの距離を**飛程**と呼ぶ。一方，物質は荷電粒子により生じた電離や励起を通して放射線のエネルギーを吸収することになる。

こうした**衝突損失**（collision loss）に対する阻止能$\left[\dfrac{dE}{dl}\right]_{col}$と，荷電粒子の速度（$v$）および電荷（$z$）との間には，

$$S_{col}=\left[\frac{dE}{dl}\right]_{col}\propto\frac{z^2}{v^2}\cdot N\cdot Z \tag{1.1}$$

という関係がある。ここで N と Z は，物質の 1 cm^3 あたりの原子数と原子番号である。

阻止能は荷電粒子のエネルギー（速度）によって多少違うので，飛跡の単位長さあたりにできるイオン対数（比電離，specific ionization）をみると，図 1.14 のようになる。すなわち，一本の α 線が物質中を通るとき，飛跡の位置により線エネルギー付与（LET）が異なり，吸収線量が同じでも，その位置によって生物効果が異なることになる。

重荷電粒子が高いエネルギーを有している場合，物質に入射した重荷電粒子によって直接ひき起こされる電離よりも，その電離により飛び出た電子が次々と電離や励起を起こして進む時に生じる，いわゆる δ 線による二次電離の数の方が多くなる。たとえば，10 MeV の陽子が空中を進む場合，最高約 22 keV の電子が飛び出し得る。

飛程 R に関しては，速度（v）が同じ 2 種類の荷電粒子の間で次式が成り立つ。

$$R_1(v)=\frac{M_1}{M_2}\cdot\left[\frac{z_2}{z_1}\right]^2\cdot R_2(v)+c \tag{1.2}$$

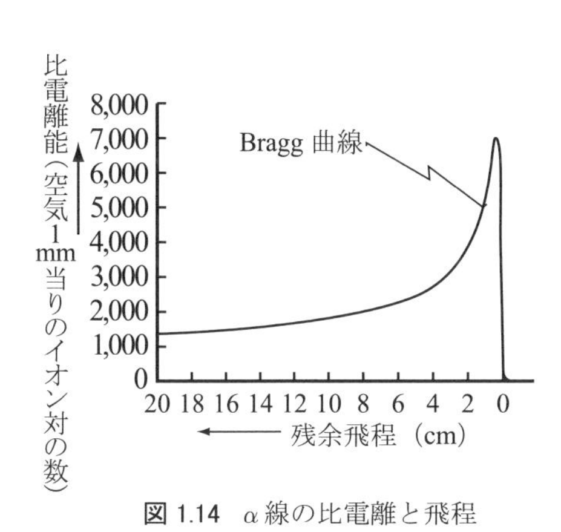

図 1.14 α 線の比電離と飛程

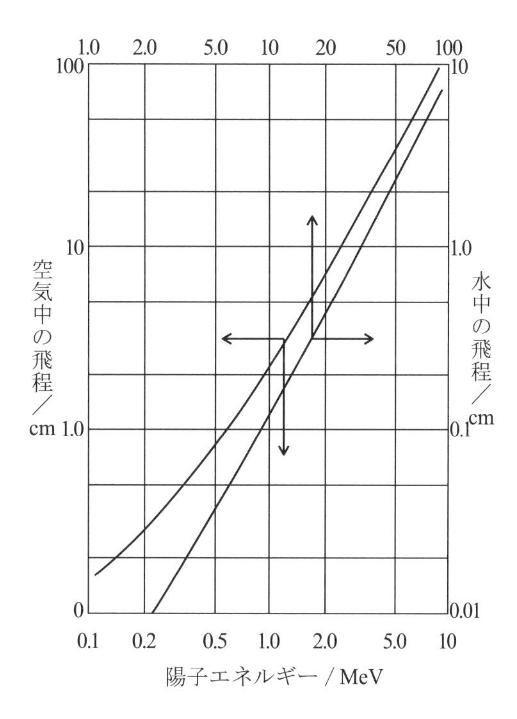

図 1.15 空中および水中における陽子の飛程

ここで，M は荷電粒子の質量，z はその電荷である。c は速度の遅い荷電粒子についての補正項で，入射粒子の電荷 z に依存し，近似的に 0 とおいてよい場合が多い。陽子の空中および水中での飛程を図 1.15 に示す。

【例題】 1 MeV の陽子の空中での飛程は 2.3 cm である。では，4 MeV の α 粒子の飛程は次のうちどれか。

1. 0.58 cm
2. 1.15 cm
3. 2.3 cm
4. 4.6 cm
5. 9.2 cm

【解答】 質量比から 4 MeV の α 粒子と 1 MeV の陽子は速度が等しくなるので，式(1.2)に α 粒子と陽子の質量および電荷を入力し，c の項は 0 で近似できるとすると，

$$\frac{M_\alpha}{M_\mathrm{p}} \cdot \left[\frac{z_\mathrm{p}}{z_\alpha}\right]^2 \cdot R_\mathrm{p} + 0 = \frac{4}{1} \cdot \left[\frac{1}{2}\right]^2 \cdot 2.3 = 2.3 \text{（cm）}$$

となり，正解は 3。

なお，相互作用のうち X 線の発生は，通常測定対象となる数 100 MeV までのエネルギーの

重荷電粒子（π^-中間子を除く）では考える必要はない。

重荷電粒子が引き起こす核反応について，単一エネルギー中性子の発生に使われる主なものを表 1.4 に示す。入射する粒子のエネルギーや物質の種類によって，発生する中性子のエネルギーが大きく異なることが分かる。

表 1.4　単一エネルギー中性子発生のための核反応（単位：MeV）

反応	Q 値	しきいエネルギー	0°方向での最小中性子エネルギー	加速粒子エネルギーでの最高中性子エネルギー	
				2 MeV	3 MeV
^{2}D (d, n) ^{3}He	3.265	—	1.8 [a]	5.24	6.26
^{3}T (p, n) ^{3}He	−0.764	1.019	0.0639	1.20	2.21
^{3}T (d, n) ^{4}He	17.6	—	12.4 [a]	18.25	19.57
^{7}Li (p, n) ^{7}Be	−1.647	1.882	0.0294	0.228	1.3
^{13}C (d, n) ^{14}N	−0.281	0.328	0.00195	1.6	2.6
^{45}Sc (p, n) ^{45}Ti	−2.79	2.908	0.00140	—	0.112
^{51}V (p, n) ^{51}Cr	−1.562	1.565	0.00059	0.215 [b]	—
^{65}Cu (p, n) ^{65}Zn	−2.136	2.169	0.00051	0.214 [c]	—

[a] 150°方向，2.0 MeV に対し測定

[b] 加速エネルギー：1.762 MeV

[c] 加速エネルギー：2.368 MeV

1.5　放射線の量と単位

ICRU（1998）により定められた，放射線の量と単位（SI 限定名称と旧特別単位を含む）の名称，およびそれに使われる記号の一覧表を表 1.5 に示した。これの詳細は，ICRU レポート 60（1998）を参照し，精通することが望まれる。以下に主なもののみ挙げる。

1）比エネルギー（specific energy）：z

$$z = \varepsilon / m$$

2）吸収線量（absorbed dose）：D

$$D = \mathrm{d}\bar{\varepsilon} / \mathrm{d}m$$

この単位の特別名称はグレイ（gray，Gy）である。

$$1\ \mathrm{Gy} = 1\ \mathrm{J\,kg^{-1}} = 100\ \mathrm{rad}$$

吸収線量はあらゆる電離放射線と物質に適用されるが，吸収物質を明示しなければならない。

表 1.5 放射線の量と単位（ICRU 1998）

量名称	量記号	単位記号 SI	SI限定名称[*1]	旧特別
スカラー量				
粒子数	N	1		
放射エネルギー	R	J		
（粒子）束[*2]	$\dot{N}$	s^{-1}		
エネルギー束	$\dot{R}$	W		
フルエンス	Φ	m^{-2}		
フルエンス率[*2]	$\dot{\Phi}$	$m^{-2}\,s^{-1}$		
エネルギーフルエンス	Ψ	$J\,m^{-2}$		
エネルギーフルエンス率	$\dot{\Psi}$	$W\,m^{-2}$		
相互作用係数				
断面積	σ	m^2		b
質量減弱係数	μ/ρ	$m^2\,kg^{-1}$		
質量エネルギー転移係数	μ_{tr}/ρ	$m^2\,kg^{-1}$		
質量エネルギー吸収係数	μ_{en}/ρ	$m^2\,kg^{-1}$		
質量阻止能	S/ρ	$Jm^2\,kg^{-1}$		$eV\,m^2\,kg^{-1}$
線エネルギー付与（LET）[*3]	L_d	$J\,m^{-1}$		$eV\,m^{-1}$ [*3]
放射化学収量	$G(\chi)$	$mol\,J^{-1}$		
1イオン対生成に必要な平均エネルギー	W	J		eV
ドシメトリー				
付与エネルギー	ε	J		
線エネルギー	y	$J\,m^{-1}$		$eV\,m^{-1}$ [*3]
比エネルギー	z	$J\,kg^{-1}$	Gy	rad
カーマ	K	$J\,kg^{-1}$	Gy	rad
カーマ率[*2]	$\dot{K}$	$J\,kg^{-1}\,s^{-1}$	$Gy\,s^{-1}$	$rad\,s^{-1}$
照射線量	X	$C\,kg^{-1}$		R
照射線量率[*2]	$\dot{X}$	$C\,kg^{-1}\,s^{-1}$		$R\,s^{-1}$
吸収線量	D	$J\,kg^{-1}$	Gy	rad
吸収線量率[*2]	$\dot{D}$	$J\,kg^{-1}\,s^{-1}$	$Gy\,s^{-1}$	$rad\,s^{-1}$
シーマ	C	$J\,kg^{-1}$	Gy	
シーマ率	$\dot{C}$	$J\,kg^{-1}\,s^{-1}$	$Gy\,s^{-1}$	
放射能				
壊変定数[*2]	λ	s^{-1}		
放射能[*2]	A	s^{-1}	Bq	Ci
空気カーマ率定数[*2]	Γ_δ	$m^2\,J\,kg^{-1}$	$m^2\,Gy\,Bq^{-1}\,s^{-1}$	$m^2\,rad\,Ci^{-1}\,s^{-1}$
放射線防護				
周辺線量当量	$H'(d)$	$J\,kg^{-1}$	Sv	rem
方向性線量当量	$H'(d,\ \Omega)$	$J\,kg^{-1}$	Sv	rem
個人線量当量[*2]	$H_p(d)$	$J\,kg^{-1}$	Sv	rem
線量当量	H	$J\,kg^{-1}$	Sv	rem
等価線量	$H_{T\cdot R}$	$J\,kg^{-1}$	Sv	rem
実効線量	E	$J\,kg^{-1}$	Sv	rem

＊1　特定の量に限って使われる SI 単位の特別名称に対する記号。
＊2　秒のかわりに日，時，分を使用してもよい。
＊3　実用的には keV/μm を使用してもよい。

3）吸収線量率（absorbed dose rate）：$\dot{D}$

$$\dot{D}=\mathrm{d}D/\mathrm{d}t$$

4）フルエンス（fluence）：Φ

$$\Phi=\mathrm{d}N/\mathrm{d}a$$

5）フルエンス率（fluence rate）：$\dot{\Phi}$

$$\dot{\Phi}=\mathrm{d}\Phi/\mathrm{d}t$$

6）エネルギーフルエンス（energy fluence）：Ψ

$$\Psi=\mathrm{d}R/\mathrm{d}a$$

ここで $\mathrm{d}R$ は，断面積 $\mathrm{d}a$ の球に入りこんでくる，全粒子のエネルギーの和である。

7）エネルギーフルエンス率（energy fluence rate）：$\dot{\Psi}$

$$\dot{\Psi}=\mathrm{d}\Psi/\mathrm{d}t$$

8）カーマ（kerma）：K

$$K=\mathrm{d}E_{\mathrm{tr}}/\mathrm{d}m$$

ここで $\mathrm{d}E_{\mathrm{tr}}$ は，指定物質の容積要素（その質量を $\mathrm{d}m$）中に，間接電離放射線によって放出された全荷電粒子の初期運動エネルギーの総和。したがってこの量は，光子や中性子のような間接電離放射線にしか適用されない。

9）カーマ率（kerma rate）：$\dot{K}$

$$\dot{K}=\mathrm{d}K/\mathrm{d}t$$

10）照射線量（exposure）：X

$$X=\mathrm{d}Q/\mathrm{d}m$$

ここで $\mathrm{d}Q$ は，$\mathrm{d}m$ という質量をもつ空気の容積要素中に，光子によって生じた全電子が，空気中で完全に止るまでに空気中に生じた，片符号のイオンのもつ全電荷の絶対値〔Ckg^{-1}〕。

したがって，この単位は光子（X，γ 線）にしか適用できず，また現在の測定技術からは，数 MeV 以上および数 keV 以下の光子に対して，その照射線量を正確に測ることは不可能である。この単位は，X，γ 線にしか適用できないので注意を要する。

11）照射線量率（exposure rate）：$\dot{X}$

$$\dot{X}=\mathrm{d}X/\mathrm{d}t$$

12）シーマ（cema）：C

$$C=\mathrm{d}E_{c}/\mathrm{d}m$$

ここで $\mathrm{d}E_{c}$ は物質の質量 $\mathrm{d}m$ 中で，二次電子を除く荷電粒子によるエネルギー損失である。したがって，シーマは荷電粒子を対象とした単位であり，物質を特定しておかなければならない。

13）シーマ率（cema rate）：$\dot{C}$

$$\dot{C}=\mathrm{d}C/\mathrm{d}t$$

14）質量減弱係数（mass attenuation coefficient）：μ/ρ

$$\frac{\mu}{\rho}=\frac{1}{\rho \mathrm{d}l}\frac{\mathrm{d}N}{N}=\frac{N_A\sigma}{M}$$

N_A はアボガドロ定数〔mol^{-1}〕，M はモル質量〔$\mathrm{kg.\ mol}^{-1}$〕，σ は全衝突断面積〔m^2〕。

15）質量エネルギー転移係数（mass energy transfer coefficient）：μ_{tr}/ρ

$$\frac{\mu_{tr}}{\rho}=\frac{1}{\rho \mathrm{d}l}\frac{\mathrm{d}E_{tr}}{E}$$

μ_{tr}/ρ を用いて，エネルギーフルエンス（Ψ）から，カーマ（K）に次式により関係づけることができる。

16）質量エネルギー吸収係数（mass energy absorption coefficient）：μ_{en}/ρ

$$\frac{\mu_{en}}{\rho}=\frac{\mu_{tr}(1-g)}{\rho}$$

ここで g は，二次荷電粒子のエネルギーの内，物質中で制動放射により失う割合。

17）質量阻止能（mass stopping power）：S/ρ

$$\frac{S}{\rho}=\frac{1}{\rho}\frac{\mathrm{d}E}{\mathrm{d}l}=\frac{1}{\rho}\left(\frac{\mathrm{d}E}{\mathrm{d}l}\right)_{col}+\frac{1}{\rho}\left(\frac{\mathrm{d}E}{\mathrm{d}l}\right)_{rad}$$

ここで，$\left(\frac{\mathrm{d}E}{\mathrm{d}l}\right)_{col}$ は衝突損失による線阻止能，$\left(\frac{\mathrm{d}E}{\mathrm{d}l}\right)_{rad}$ は放射損失による線阻止能である。

18）線エネルギー付与（linearenergytransfer）：L_Δ

$$L_\Delta=(\mathrm{d}E/\mathrm{d}l)_\Delta$$

L_Δ とは，Δ eV のエネルギーカットオフに対する，線エネルギー付与を指す。

19）イオン対あたりの平均消費エネルギー（mean energy expended in a gas per ion pair formed）：W

$$W=E/N$$

ただし，E は気体中で電離，励起により吸収された全吸収エネルギー，N は生成したイオン対数。W 値の例を表 1.6 に示した。

この定義も，ランダム現象の平均値を定めたものであり，したがって，実際にできるイオン対数 N は，E/W の平均値のまわりにばらつく（ポアソン分布）ことになる。したがってパルス電離箱などにより，α 線のエネルギー計測を行う場合にも，上記のことにより，エネルギー分解能に限界ができる。同じ E に対し W の小さいものほど，たくさんイオン対ができるので，原理的には分解能はよくなる。

シンチレーションカウンタに比し，半導体検出器のエネルギー分解能の良いのも同様で，電子･正孔の対を作るに要するエネルギーW が，シリコンで 3.6 eV，ゲルマニウムで 3.0 eV

表 1.6 各種物質の W および各種固体検出器の 1 個の電子・正孔対を作るに要する平均エネルギーW

各種気体及び液体中でイオン対 1 個を作るに要する平均のエネルギー W/e (JC^{-1})

気体の種類	1 keV以上の電子に対する W/e	1.82 MeVの陽子に対する W/e	5 MeVのα粒子に対する W/e
He	41.3		46.0
Ne	35.4		36.8
Ar	26.38±0.04	26.66	26.38±0.04
Ar(液体)	23.6		
Kr	24.4		24.1
Kr(液体)	20.5		
Xe	22.1		21.9
Xe(液体)	15.6		
H_2	36.5		36.4±0.07
N_2	34.8	36.68	36.39±0.04
O_2	30.8		32.2
空気(dry)	33.97	35.18	35.08
H_2O	27.6		37.6
CO_2	33.0	34.37	34.2
BF_3			35.7
CH_4	27.3		29.1
C_2H_2	25.8		27.4
C_2H_4	25.8		27.9
C_2H_6	25.0		26.5
C_6H_6	22.1		27.5
C_2H_5OH	24.8		28.5
生体組織等価混合気体組成		29.2	37 (0.1 MeV)
CO_2 : 30.01%, N_2 : 1.74%		～ 30.03	33 (1 MeV)
CH_4 : 67.92%, C_2H_4 0.33%		30.5	31 (10 MeV)

絶縁体および半導体の 1 個の電子・正孔対を作るに要する平均のエネルギー (T＝300 K)

固体の種類	W/e (JC^{-1})
ダイヤモンド (C)	13.25
Si	3.62 (3.68)
Si (77K)	3.76 (2.97)
Ge (77K)	2.97
SiC	9.0
AgCl	7.6
GaAs	4.2
CdS	7.25
CdTe	4.43
PbO	8.0
HgI_2	6.5

( ) は電子に対する値

であり，気体の約 10 分の 1 程度と極めて小さいことに由来している。逆にシンチレータの場合，一本の光を出すに要する平均の消費エネルギーは，良質のシンチレータで 15〜60 eV であり，その上，光電子増倍管のカソードから光電子（1 個の光電子が出るまでには普通平均 300 eV 位必要）を出すときと，さらに増幅の段階でランダム現象が重なるため，ますますパルス高にばらつきができ，エネルギー分解能は悪くなる。

光子や高速電子に対する乾燥空気の *W* 値として，ICRU からは，$33.97\,\mathrm{J\,C^{-1}}$（33.97 eV）が勧告されている。この数値は極めて重要である。

【例題】 体重 60 kg の人の全身に 4 Gy の X 線を照射した。X 線のエネルギーがすべて熱になり熱の放散がないと仮定したとき体温の上昇は約何 K か。ただし，人体の比熱は $4.2\times10^{3}\,\mathrm{J\,kg^{-1}K^{-1}}$ とする。

【解答】 4 Gy の吸収線量がすべて体温の上昇に使われたとすると，1 kg あたり 4 J のエネルギー付与があるということである。したがって，温度上昇は，

$$\frac{4\ \mathrm{J\ kg^{-1}}}{4.2\times10^{3}\mathrm{J\ kg^{-1}K^{-1}}}=0.95\times10^{-3}\,\mathrm{K}$$

となる。

【例題】 単位として Gy を用いるのはどれか。二つ選べ。

1. エネルギーフルエンス
2. カーマ
3. 吸収線量
4. 質量エネルギー転移係数
5. 照射線量

【解答】 2，3

間接電離放射線の場合のエネルギー付与として，カーマから吸収線量という流れを意識すれば覚えやすい。

【例題】 放射線の量と単位との組合せで誤っているのはどれか。

1. カーマ ----------- Gy
2. 照射線量---------- $\mathrm{C\,kg^{-1}}$
3. 吸収線量---------- $\mathrm{J\,kg^{-1}}$
4. 線量当量---------- Sv
5. 質量阻止能-------- $\mathrm{m^{2}\,kg^{-1}}$

【解答】 5

質量阻止能の単位は $\mathrm{J\,m^{2}\,kg^{-1}}$ である。

演　習　問　題

1-1　次のなかから正しい単位の組み合わせを選べ。

1　質量エネルギー吸収係数　：　$m^2 \cdot kg^{-1}$

2　エネルギーフルエンス率　：　$W \cdot m^{-2}$

3　質量阻止能　：　$J \cdot kg^{-1}$

4　照射線量　：　$C \cdot kg^{-1} \cdot s^{-1}$

5　線エネルギー付与　：　$J \cdot m^{-1}$

1-2　次のなかから誤っている単位の組み合わせを選べ。

1　放射能：s

2　カーマ：Gy

3　吸収線量：$J \cdot kg^{-1}$

4　エネルギーフルエンス：$J \cdot m^{-2}$

5　質量エネルギー吸収係数：$m^2 \cdot kg^{-1}$

1-3　物理量と関係する放射線の組み合わせで誤っているものはどれか。

1　カーマ……………………………光子

2　照射線量…………………………光子

3　W値………………………………荷電粒子

4　阻止能……………………………荷電粒子

5　質量エネルギー吸収係数……荷電粒子

1-4　放射線に関する量と，その量が定義される対象との組み合わせについて誤っているものを選べ。

1　照射線量…………………………空気のみ

2　吸収線量…………………………すべての物質

3　カーマ……………………………水のみ

4　線量当量…………………………人体のみ

5　放射能……………………………放射性核種

1-5　空気のみを対象として定義されている量はどれか。

1　W値

2　カーマ

3　吸収線量

4　照射線量

5　放射線化学収量

1-6　線エネルギー転移係数 μ_{tr} を用いて線エネルギー吸収係数を表すとき，正しいのはどれか。

ただし，相互作用で動き出した二次電子の運動エネルギーのうち制動放射で失うエネルギーの割合を g とする。

1　$(1-g)^2\mu_{tr}$

2　$(1-g^2)\mu_{tr}$

3　$(1-g)\mu_{tr}$

4　$g\mu_{tr}$

5　$(1+g^2)\mu_{tr}$

1-7　エネルギーの単位を含んでいる量はどれか。

1　照射線量

2　フルエンス

3　質量阻止能

4　放射線化学収量

5　質量エネルギー吸収係数

1-8　物理量と，その物理量が定義される放射線の組合せで正しいのはどれか。

1　W 値……………………………光子

2　カーマ…………………………中性子

3　阻止能…………………………中性子

4　照射線量………………………荷電粒子

5　質量エネルギー吸収係数…光子

2．放射線・放射能の検出原理

2.1　検出法の分類

放射線の検出には種々の方法があるが，その基本原理は，物質が放射線に照射されることで生じる電離や励起等の現象を，直接あるいは間接的に捉えることにある。以下に，どのような現象を利用するかという観点から検出器を分類する。

1）電離を利用した検出法

(1)気体の電離を利用した検出器

(イ)電離箱，(ロ)GM 計数管，(ハ)比例計数管

(2)固体の電離を利用した検出器

(イ)半導体検出器，(ロ)MOSFET 線量計

(3)液体の電離を利用した検出器

(イ)液体電離箱

2）光などの放出を利用した検出法

(1)発光現象などを利用した検出器

(イ)シンチレーション検出器，(ロ)熱ルミネセンス線量計(TLD)，

(ハ)蛍光ガラス線量計(RPLD)，(ニ)光刺激蛍光線量計(OSLD)，

(ホ)イメージングプレート（IP)

(2)チェレンコフ放射を利用した検出器

(イ)チェレンコフ検出器

(3)エキソ電子放射を利用した検出器

(イ)TSEE（熱刺激エキソ電子），(ロ)OSEE（光刺激エキソ電子）

3）電子スピン共鳴吸収（ESR または EPR）を利用した検出法

(1)ESR（EPR）線量計

4）飛跡を利用した検出法

(1)電離現象にもとづく検出器

(イ)霧箱，(ロ)泡箱，(ハ)スパークチェンバ，(ニ)放電箱

(2)化学変化を利用した検出器

(イ)原子核乾板，(ロ)固体飛跡検出器（エッチピット）

5）化学作用を利用した検出法（粒子の飛跡は対象にしないもの）

(1)感光作用を利用した検出器

(イ)写真乳剤（フィルム）

(2)着色・白濁作用を利用した検出器

(イ)プラスチック，(ロ)ガラス，(ハ)水溶液，(ニ)ゲル

(3)狭義の化学線量計としての検出器

(イ)鉄(フリッケ)線量計，(ロ)セリウム線量計，(ハ)重クロム酸線量計，

(ニ)メチレンブルー

6）核反応を利用した検出法

(1)放射化を利用した検出器

(イ)しきい検出器

(2)核反応にもとづく電離放射線の放出を利用した検出器

(イ)ラジエータ＋検出器

7）発熱現象を利用した検出法

(1)温度上昇を利用した検出器

(イ)熱量計（カロリーメータ）

(2)過熱液滴の沸騰現象を利用した検出器

(イ)バブル線量計

次節では，これらの検出法の基本原理について概説する。また，上に挙げた検出器のうち代表的なものについては，3章で詳しく説明する。

2.2 検出の基本原理

2.2.1 電離の利用

1）気体の電離の利用

照射線量（1.5 節参照）を定義通り測定するには，空気の一定質量（dm）中から発生した荷電粒子線が作るイオン対（dQ）を収集しなければならない。X線やγ線を測定する場合，

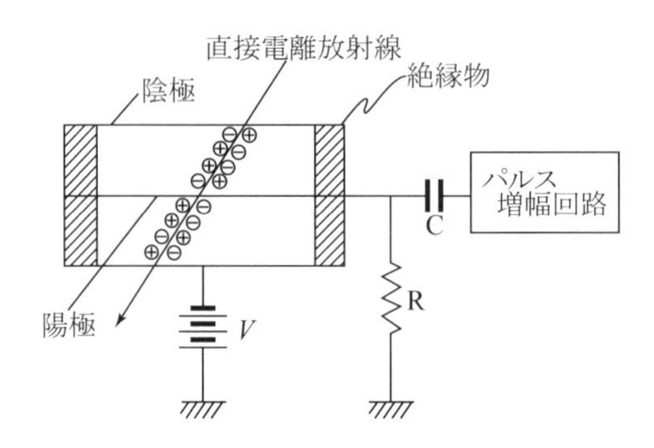

図 2.1 円筒型計数管の動作モデル

それらは間接電離放射線であるため，一次過程で発生した光電子やコンプトン電子のような荷電粒子線が空気分子を電離して生じた正イオンと電子のイオン対を集める。

ここで，図 2.1 に示すような陽極と陰極を持つ円筒形の計数管を設け，電極間電圧 V を変えながら印加し，生成されるイオン対を集めるとする。

このとき，収集される電子の個数との関係を調べてみると，図 2.2 のようになる。この関係は，図中の A～F で示すような，六つの領域に区分することができる。

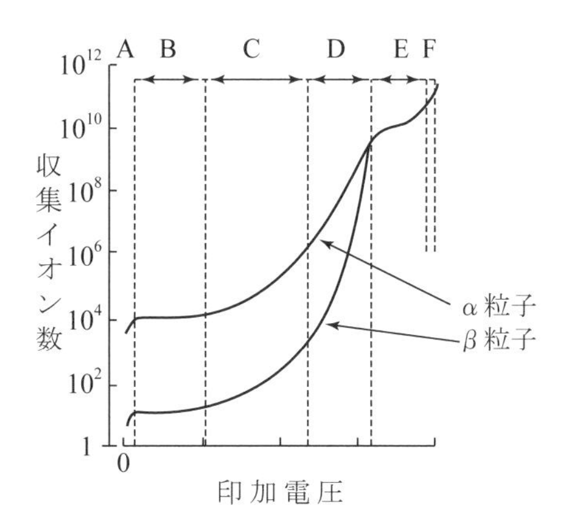

図 2.2 印加電圧と収集イオン対数の関係
A：再結合領域，B：電離箱領域，C：比例計数領域，
D：境界領域，E：GM 計数領域，F：連続放電領域

A の再結合領域とは，電圧が低いために生成したイオン対が，それぞれの電極に到着する前に，再結合をおこして中性原子となり，十分に集めることのできない領域を指す。B の領域では，生成したイオン対はすべて集められ飽和値に達している。これは**電離箱領域**と呼ばれ，**電離箱**（3.1 節参照）はこの領域の状態で使われる測定器である。さらに電圧を上げていくと，平均自由行路中に得る電子のエネルギーが気体の電離電圧より大きくなり，これらの電子によっても気体分子を電離するようになり，この二次電離によってガス増幅作用が起こる。この領域（C）は，測定器の検出部内で失われたエネルギーに比例した電子数が集められ，一次電子数に比例したパルス高が得られることから，比例計数領域といわれる。比例計数管（3.5 節参照）はこの領域の状態で使われる測定器のことである。

さらに電圧を高くしていくと，ガス増幅作用が強まるのに反し，この比例性が失なわれていき（D の境界領域），失われたエネルギーの大きさに無関係に一定の高さのパルスが得られるようになる。この領域（E）は GM 計数領域と呼ばれ，α 線や β 線などの線種にも，またそのエネルギーにも無関係に，1 個の放射線の入射により，一定の大きさの 1 個のパルスが生じる。この領域で使われるのが，GM 計数管（3.6 節参照）である。GM 計数領域を超えてさらに電圧を上げていくと，連続的に放電が起こるようになってしまう。これが連続（持続）放電領域（F）である。

電離箱領域や比例計数領域では，エネルギーに比例した大きさのパルスが得られるので，α 線や β 線のエネルギーを計測可能である。一方，GM 領域では，放射線の種類やエネルギーの識別はできず放射線の数の検出しかできないが，検出能は高い。

電離箱には，α 線の検出やそのエネルギー計測に用いるパルス電離箱と，線量測定用の電離箱がある。後者はさらに，積算線量を測定するものと線量率を測るものとに分けられる（3.1 節参照）。比例計数管や GM 計数管を用いた測定には，電離ガスを流しながら行う方法があり，これはガスフローカウンタと呼ばれる。

さて，二次的な電離が一度起こると，次々と電離作用が続き，急速にイオン対数が増える。この現象を電子なだれ（electron avalanche）と呼ぶ。この過程で，電離または励起された原子及び気体分子が，安定状態にもどるとき光子（紫外線）を放出する。その光子は電極などにあたって光電子を出すことがある。その確率を r（$r \leqq 1$）とし，1 個の電子が陽極に達するまでに n 個の二次電子を作るとする。その n 個の電子が出す光電子の数は nr，さらにそれが電極に達するまでには n^2r となり，電子の総数 M は

$$M = n + n^2r + n^3r^2 + \cdots + n^m r^{m-1} = \frac{n\left\{1-(nr)^m\right\}}{1-nr} \tag{2.1}$$

となり，この M をガス増幅率という。$m \gg 1$ および，$1 > nr > 0$ の場合には

$$M = \frac{n}{1-nr} \tag{2.2}$$

となり，さらに，光子による光電効果は無視できる，すなわち，$nr \ll 1$ ならば

$$M = n \tag{2.3}$$

となり，二次電子数が一次電子数に比例する（比例計数領域）。比例計数管はこの状態となる印加電圧で使用するもので，放射線エネルギーに比例したパルス波高を得ることができるため，放射線のエネルギー分析が可能となる。

一方，nr が 1 に近づくと，M は無限大となる（GM 計数領域）。ただし実際は，空間電荷などのために，放電は無限に成長することなくあるところで停止する。この領域では，光電子の発生により電子なだれが増大し，二次イオンが陽極全体を包むようになる。これは二次電子との衝突によって励起されたガス分子が，励起から基底状態に戻るときに光子を放出するからである。GM 計数管はこの状態の印加電圧で使用する。

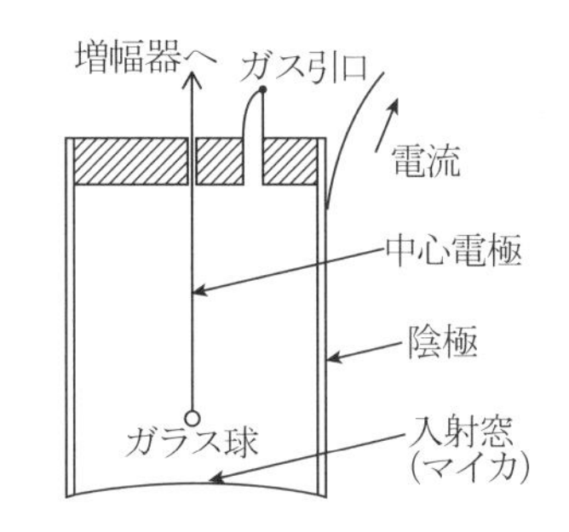

図 2.3 端窓型 GM 計数管の構造

GM 計数管の構造の一例を図 2.3 に示す。円筒管の中に

は細いタングステン線の芯線を張り，これに正電圧を印加して陽極とする。円筒管（金属または内面に導電性皮膜を塗布したガラス）は陰極の働きをする。入射窓は薄いマイカなどで作り，β 線の入射を容易にしている。管内にはアルゴンやヘリウム等の不活性ガスに少量のアルコールやメタン等の有機多原子ガスを混合して充てんする。これに高電圧を印加し，入射窓から放射線粒子が入射すると，管内の不活性ガスの原子は電離・励起を起こし，ガス増幅により多くの二次電子が放出される。電離により生じた陽イオンは移動速度が遅く，電子の 1/1000 程度であるから，芯線に電子の収集が終っても，なお芯線近傍に残留するため，この領域の電界が弱められ，電子なだれは一応消滅する。

【例題】 GM 計数管で正しいのはどれか。

1. 不感時間がない。
2. 電離箱領域で動作する。
3. 中心電極の近傍では電界が弱い。
4. 出力信号は一次電離量に比例しない。
5. 外部消滅法は放電直後に印加電圧を上げる。

【解答】 4

1. GM 計数管には不感時間があり，それが数え落としの原因になる。
2. GM 計数領域で動作する。
3. 中心電極の近傍では電界が強い。
5. 放電直後に印加電圧を下げることで電子なだれを消滅させることができる。

2）固体の電離を利用

放射線が固体中を通過する際，固体中の電子との衝突によってエネルギーを失う。その際，電子は移動可能な状態に励起され，あとに正孔（ホール）と呼ばれる電子のぬけた孔が出来る。この正孔は，みかけ上，正電荷をもった粒子として固体中を移動するとみなせる。すなわち，この電子－正孔対を利用することで，固体電離箱とも呼べる測定器が作製できる。

ダイヤモンドや CdS，GaAs などの結晶に，電極をつけ放射線をあてると，電極間にパルス電流が生じる。これらは小型で阻止能が大きいので，高エネルギー荷電粒子の検出ができ，また，γ 線に対しても高い検出効率を示す。CdSe，ZnS，Si，Ge なども，この種の結晶体検出器として用いることができる。パルス計測の他，線量率測定用に，CdS（^{60}Co-γ 線 10^{-2} Gy/min に対し約 5×10^{-6} A の感度）や Si の半導体を用いた線量率計が作られ，密封小線源のまわりなどの線量分布の測定に用いられている。

一般に，Si や Ge を用いた半導体検出器では，**空乏層**（depletion layer）あるいは i 層（真性半導体層，intrinsic region）と呼ばれる領域が気体電離箱の電離容積部に相当し，ここに放射線が照射されると，電子と正孔の対（キャリア）が作られる。このキャリアをそれぞれ

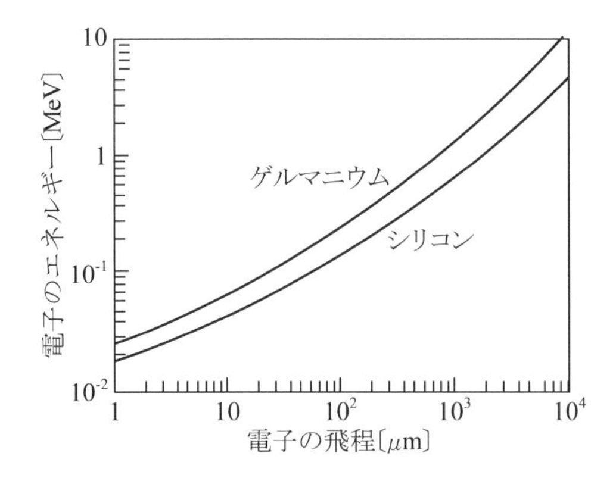

図 2.4 Si および Ge 中の電子の飛程

の電極に集め，電荷収集をすることにより，放射線の検出のみならず，放射線のエネルギー損失に比例した出力パルスをとり出すことができるので，エネルギー計測が可能となる。このとき，前述のように，シリコンでは 3.7 eV，ゲルマニウムでは 3.0 eV と少ないエネルギーで電子－正孔対ができるので，非常にエネルギー分解能のよい測定が可能となる。現在では，^{60}Coγ 線に対して 0.6 keV（通常 2～3 keV）の半値幅（FWHM : full width half maximum）をもつ半導体検出器が得られるようになっている。

半導体検出器では，電荷の易動度が大きく寸法が小さいので，電荷の収集時間が 10^{-9} 秒程度と，気体の場合に比べて極めて短い時間で信号が得られる。また，半導体検出器には，相互作用とくに飛程を考慮しつつ種類を使い分けることにより，α 粒子，β 粒子および光子の検出とそれらのエネルギーの計測ができるという特長がある。

半導体検出器は，pn 接合型，高純度型（highpure : HP），サーフェスバリヤ（表面障壁）型およびリチウムドリフト型（PIN 型ともいう；P 層を薄くし金蒸着したサーフェスバリヤ型もある）などに分類される（図 2.5）。

逆バイアス電圧は，PIN 型では電荷収集のためにだけ必要であるが，pn 接合型の場合には，

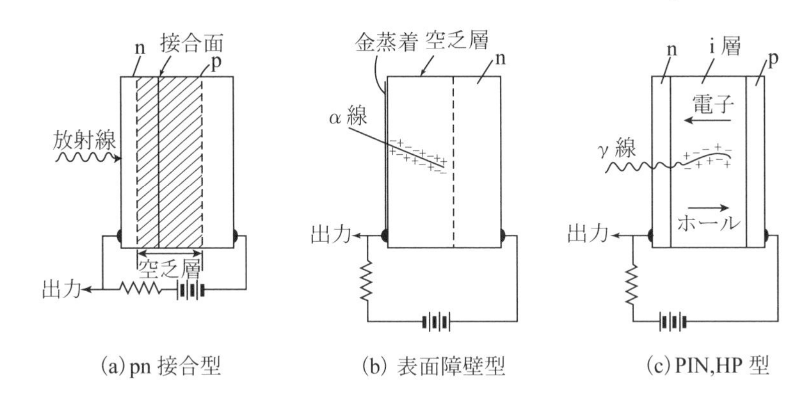

図 2.5 半導体検出器の種類

それによって空乏層が形成され，空乏層の厚さはバイアス電圧に依存する。

γ線の測定には，原子番号の大きいGe（PIN型，HP型）が，また検出効率から考えてi層の極めて大きいPIN，HP型が使われる。PIN型，HP型には，図2.6に示したプラナ型と同軸型があり，2 MeV以上のγ線の測定には大型のものが得られる同軸型が使用される。

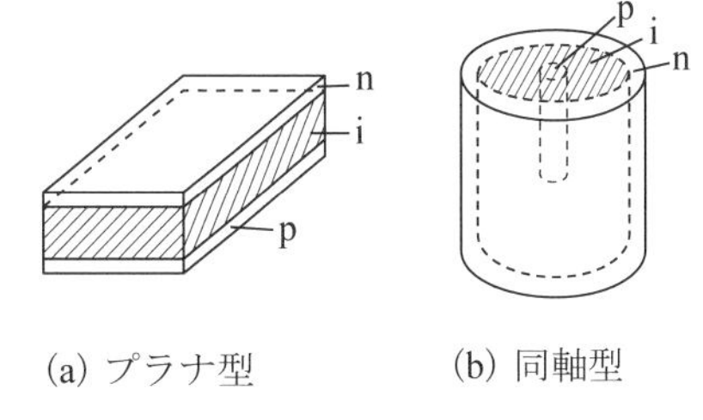

図2.6 Ge(Li) 検出器の種類

なお，半導体検出器には，先述したように多くの利点を有する一方，高LET放射線による放射線損傷や検出器により低温保存（液体窒素やペルチェ素子による冷却）の必要性などの問題がある。

2.2.2　発光現象の利用

1）シンチレーションの利用

シンチレータ（蛍光物質，蛍光体などとも呼ばれる）に放射線が入ると，電離や励起によ

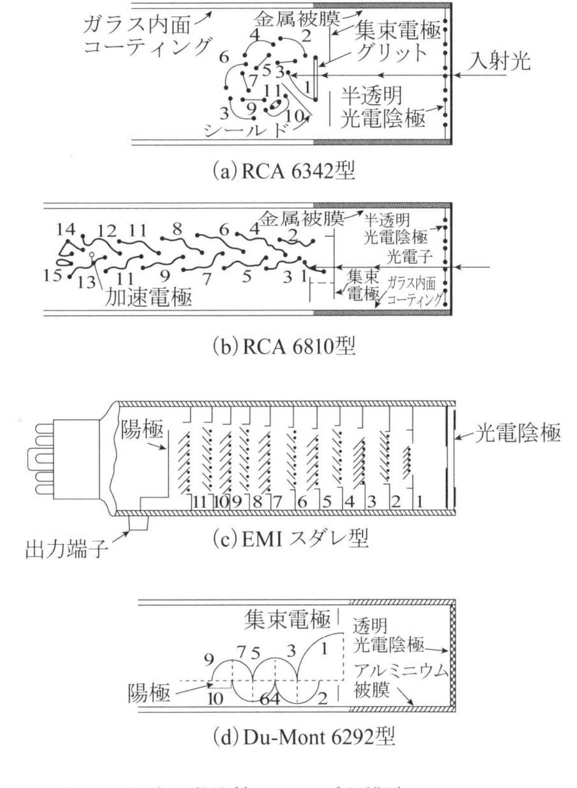

図2.7 光電子増倍管のタイプと構造
(a) 円形集束型，(b) 直線集束型，
(c) ヴェネチアン・ブラインド型，(d) 箱型

り与えられたエネルギーの一部が，熱運動のエネルギーとはならずに，可視領域の光の放出に変換されることがある。よって，この光の量を測ることで，放射線のフルエンスを知ることができる。シンチレータとして知られている物質には数多くのものがあり，固体だけでなく，液体や気体のシンチレータもある（3.3 節参照）。

ただし，通常その光は微弱なので，光電面を備えた**光電子増倍管**（photomultiplier）で光を光電子に変換し，さらにそれを電極間で何段にも増幅して大きな電気的パルスに変え，放射線を検出する。シンチレータ内で放射線が失ったエネルギーとシンチレータから放出される光の数すなわち電気的パルスの大きさは比例すると考えられるので，そのパルス面積から入射粒子のエネルギーを評価できる。

シンチレーション光の増幅に用いる光電子増倍管には，大別して，円形集束型，直線集束型，ヴェネチアン･ブラインド型（縦型とも呼ばれる）および箱型の四つがある。それぞれの構造を図 2.7 に示す。このうち，円形集束型および直線集束型は，一般に走行時間が短く，時間的分解能が良い。箱型は，エネルギー分解能は良いが，時間的分解能が悪い。ヴェネチアン･ブラインド型は，両者の中間的な性能を有している。

シンチレータは，検出効率，発光効率，発光の減衰時間など，それぞれに特徴がある。使用上の一つの目安として，線種別によるシンチレータの使用分類を表 2.1 に示す。とくに，液体シンチレータは，測定する試料と混合して用いるので，^{3}H や ^{14}C などの低エネルギー β 線の測定や，微弱な放射能をもつ試料の測定に有利である。

表 2.1　シンチレータと線種との主な組み合わせ

線種	シンチレータの種類	備　考
α	ZnS(Ag)粉末	光電子増倍管の入射面またはガラス板などに薄い層として塗布する
β	アントラセン単結晶	発光強度は大きいが大型のものは得がたい
	スチルベン単結晶	発光継続時間が非常に短い
	プラスチック	大型のものが得やすい
	液体	試料を溶かし込んで測定する
γ	NaI(Tl)単結晶	発光強度が高く，大型のものが得られる
	CsI(Tl)単結晶	吸湿性がない
n	ZnS(Ag)を分散させたプラスチック	高速中性子によってプラスチック中に生じた反跳陽子が ZnS(Ag)を発光させる
	プラスチック	中性子（反跳陽子）のスペクトルを計測できる
	LiI(Eu)	熱中性子による ^{6}Li(n, α)^{3}H 反応を利用する

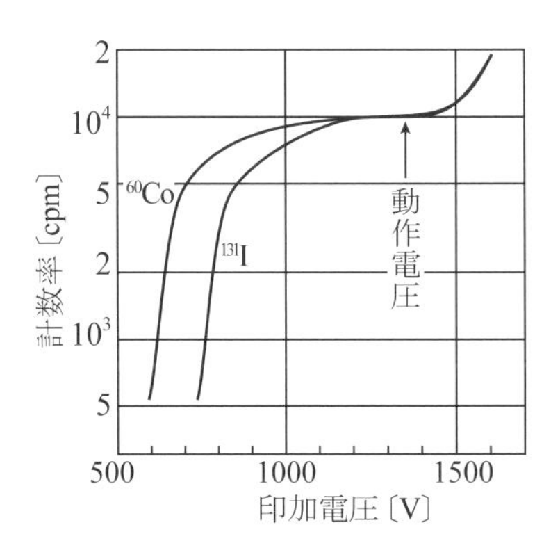

図 2.8 シンチレーション検出器の計数率－電圧特性

光電子増倍管に印加する電圧を変えながら一定の線源を計数すると，増幅度の上昇とともに計数率も増加していき，やがてシンチレータの発光を十分計数するようになり平坦部ができる（図 2.8 参照）。さらに電圧を上げていくと，雑音まで計数するようになる。したがって，計数率が安定する平坦部での印加電圧が最適な動作電圧と言える。

曲線の立上りは，入射エネルギーが高い場合には強い発光が得られ，したがって，低電圧側から十分計測可能となる。プラスチックシンチレータの発光効率のエネルギー特性を図 2.9 に，LET 依存性を図 2.10 に示す。

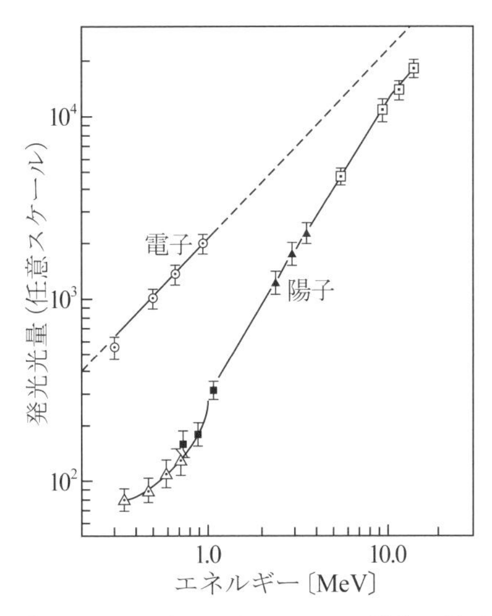

図 2.9 シンチレータ NE102 に対する電子および陽子による発光光量のエネルギー特性

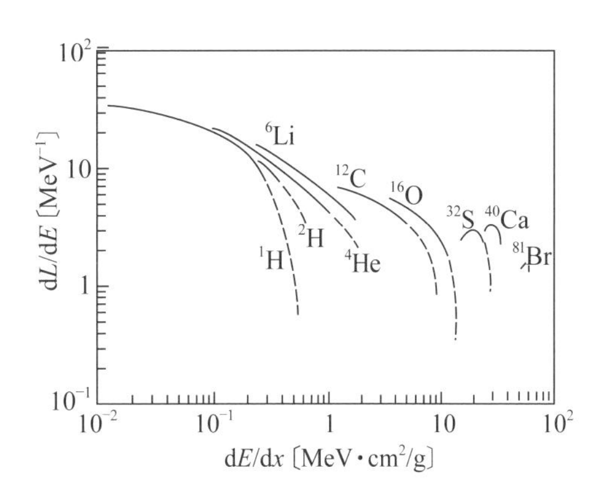

図 2.10 シンチレータ NE102 の各種イオンに対する発光効率（d*L*/d*E*）と阻止能（d*E*/d*x*）の関係

2）熱ルミネセンスの利用

特定の熱処理を施したある種の結晶性固体に放射線を照射すると，価電子帯にある電子の一部が伝導電子となり，さらにその一部が伝導帯よりわずかに低いエネルギーの捕獲中心に捕獲され，準安定状態を保つ。この電子は不安定で，熱的に励起すると，蛍光中心の正孔と再結合し，この際，余分のエネルギーを光として放出する（図 2.11 参照）。この現象を熱ルミネセンス（thermoluminescence，略称 TL）と呼び，この機構を利用した線量計を熱ルミネセンス線量計（thermoluminescence dosimeter，略称 TLD）という。

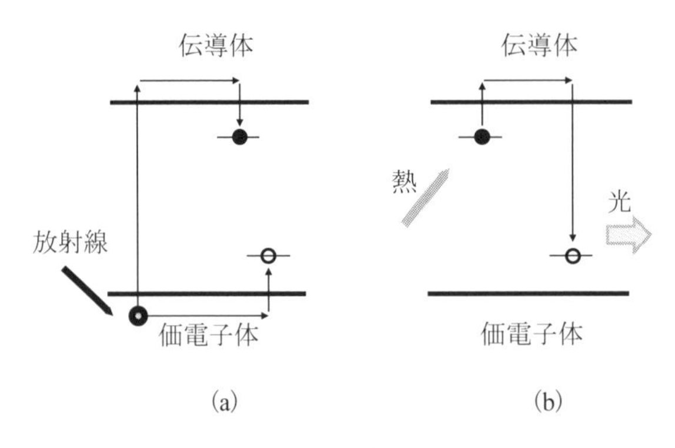

図 2.11 熱ルミネセンスの機構
(a) 放射線により電子と正孔の対が生成されて捕獲中心となり，
(b) 熱を加えることで両者が再結合し，その際に光子が放出される.

TLD 素子に放射線を照射し，これを一定の温度勾配で加熱していくと蛍光を発する。この蛍光を光電子増倍管で電流に変えて測定する。温度と測定された強度との関係はグロー曲線（glow curve）と呼ばれ，グロー曲線のピークの面積，あるいは一定の加熱温度までに発生した蛍光の総量は，それぞれの物質に吸収された線量にほぼ比例するので，積算線量を知ることができる。なお，一度加熱すると蛍光の発光はほとんどなくなってしまうので，同一試料からは通常一回の読取しかできない。その反面，**アニール**（annealing）と呼ぶ熱処理により，同じ TLD 素子を何度も再使用できるという利点がある。

TLD 素子には，LiF:Mg,Ti，$Li_2B_4O_7$:Cu，CaF_2:Mn，Mg_2SiO_4:Tb，BeO:Na，$CaSO_4$:Tm などのいろいろな物質がある。ここで，Mg や Cu などは，電子または正孔を捕獲する蛍光中心の数を増やすために微量添加される物質で，付活剤（activator）と呼ばれる。これらの素子のうち粉末のものは大きさや形状が自由に変えられるという利点があり，ガラス封入のものや，テフロンシートに混ぜたものなどが市販されている。また，線量測定範囲も，100 μGy あたりから 10^3 Gy まで，素子として選択する物質の量により柔軟な対応が可能である。一般に高原子番号の TLD 素子の方が高感度であるが，人体の被ばく線量を求める場合には，生体軟組織と電子密度が近い低原子番号の素子が適している場合もある（5.3 節参照）。

3）光ルミネセンスの利用

TLDが熱による刺激で発光したのに対して，光による刺激により捕獲中心の電子を放出して蛍光中心の正孔と再結合したときの発光を利用する方法もある。これには，刺激に光を用いる点は共通だが，その機構が異なる二つのものがある。

一つは，準安定状態に置かれた電子が光による刺激エネルギーを吸収して基底状態に落ちる時の蛍光で，慣習的に光刺激ルミネセンス（Optically Stimulated Luminescence : OSL）と呼び，これを利用した線量計を光刺激ルミネセンス線量計（Optically Stimulated Luminescence Dosimeter : OSLD）という。OSLD の素子には，高感度でフェーディングが比較的少なく，また安価であるという特長を持つ酸化アルミニウム（Al_2O_3:C）がもっぱら用いられている。OSL では，刺激に用いる光よりも再結合で出てくる光の方が原則として波長が短く（光子のエネルギーが高く）なる。Al_2O_3:C の OSLD では，TLD 等と異なり，読み取り後もかなりの割合で捕獲中心が残存するので，繰り返し測定が可能である。読み取りは，通常可視光域の光を連続照射して行う。

なお，OSL 物質（輝尽性蛍光体）である BaFBr:Eu^{2+}等の粉末をプラスチックのフィルム上に塗布したイメージングプレート（IP）も，レーザーで表面を刺激して蛍光の読取りを行うことにより，二次元の線量分布や放射能分布測定に用いられている。IP は，X 線フィルムに比べて高感度でダイナミックレンジが広く，高解像度の画像が得られ，さらにアニール処理によって繰り返し使用できることから，近年診断やオートラジオグラフィなどへの応用が拡がっている。

もう一つは，捕獲された電子のエネルギー状態が安定しており，光刺激を受けても基底状態に至らず，励起状態から元の準安定状態に戻る過程で蛍光を発するものである。この蛍光は，放射線を照射しない場合の単なる光励起による蛍光（photoluminscence）とは異なるので，それと区別する意味でラジオフォトルミネセンス（radiophotoluminscence: RPL）と呼ばれる。また，これを利用した線量計をラジオフォトルミネセンス線量計（RPLD）という。RPLD の素子には銀イオンを含むリン酸ガラスがもっぱら使われ，これを用いた線量計（蛍光ガラス線量計）は放射線業務従事者の個人被ばく管理等の目的で広く普及している。蛍光ガラス線量計は，読み取りによって蛍光中心が消滅せず，同一の素子で継続的に線量の履歴を計測できるという利点がある。RPL では，OSL と異なり，刺激に用いる光よりも出てくる蛍光の方が波長が長く（光子のエネルギーが低く）なるという性質があり，蛍光ガラス線量計の場合は，光刺激に紫外線パルスを用い，生じるオレンジ色の蛍光を，ガラスが元来持っている蛍光（プレドーズ）に影響されない励起後数 μs の時間域で読み取っている。

【例題】 発光現象を利用した検出器はどれか。二つ選べ。

1. 電離箱

2. GM 計数管
3. 比例計数管
4. シンチレーション検出器
5. 熱ルミネセンス線量計

【解答】1.電離箱，2.GM 計数管，3.比例計数管はいずれも電離で生じた電流を利用している。正解は 4 と 5。

2.2.3 電子放出現象の利用

何らかの刺激で活性化した固体表面に熱や光の刺激，化学的作用あるいは機械的刺激を加えることによって引き起こされる電子放射現象をエキソ電子放射（exoelectron emission: EE）と呼ぶ。放射線照射に伴う電子放出現象には，大きく分けて，熱刺激エキソ電子放射（thermally stimulated exoelectron emission: TSEE）および光刺激エキソ電子放射（optically stimulated exoelectron emission: OSEE）の 2 種類がある。両者の違いは，刺激に熱を用いるか光を用いるかだけで，それ以外の原理は同様である。

ある種の物質に放射線を照射した後，熱あるいは光による刺激を加えると，エキソ電子が物質の表在部から飛び出してくる。エキソ電子の数は物質表面に吸収された放射線のエネルギーに比例すると考えられることから，飛び出す電子の数を測ることにより物質の吸収線量を評価することができる。エキソ電子の検出には，一般に，線量が小さい場合には GM 計数管や比例計数管，線量が大きい場合には電離箱が用いられる。なお，多くの TLD 素子は，TSEE 素子としてのポテンシャルを有していることが分かっている。

エキソ電子放射を利用する方法は，熱処理によって過去に受けた放射線の影響をほとんど取り去ることができるので，10^{-7}Gy 以下の微弱な線量（大地 γ 線や大気圏内宇宙線のレベル）から，10^{8}Gy 以上の大線量（治療や工業利用のレベル）の測定が可能であるといわれている。一方，同じ物質を同じ放射線で照射しても，固体の表面状態や加熱・照射に係る履歴の差等によって信号が大きく変化することがあり，注意深い測定やデータの解析が必要とされる。

上記二つの現象（TSEE および OSEE）以外に，化学刺激によるエキソ電子放射もあるが，放射線計測への応用には課題が多く実用的ではない。

2.2.4 チェレンコフ放射の利用

荷電粒子が屈折率 n の媒質中を通過するとき，荷電粒子の速度 v が媒質中での光速度 c/n（c は真空中での光速度）を超えること（$v>c/n$）があり，この時に位相のそろった光，いわゆる「チェレンコフ光」を放射する。荷電粒子とチェレンコフ光の幾何学的な関係を図 2.12 に示す。

チェレンコフ光の放射角 θ と荷電粒子の速度 v との間には，次の関係が成り立つ。

$$\cos\theta = c/(nv) \tag{2.4}$$

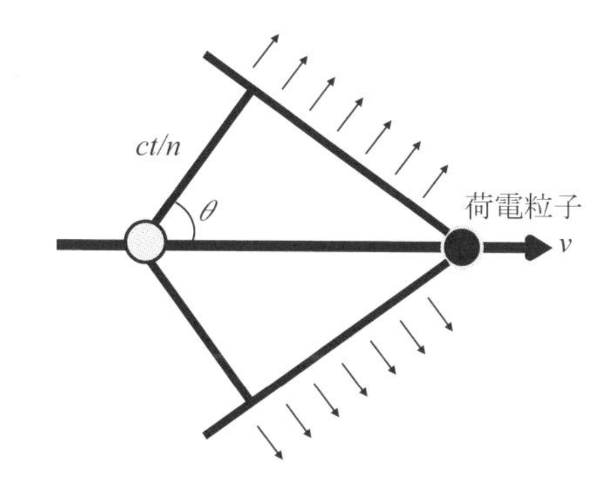

図 2.12 荷電粒子とチェレンコフ光の幾何学的関係

ここで，c は真空中での光速度，n は媒質の屈折率，v は粒子の速度である。よって，チェレンコフ光を光電子増倍管等で捉え，放射角 θ の値が求まれば，それから荷電粒子の速度 v を知ることができる（4.3 節参照）。

2.2.5 電子スピン共鳴（ESR）の利用

一つの電子軌道にスピンの異なる二つの電子が入っているときに，その軌道は安定状態にある。これに外部磁場を与えると，スピン量子数＋1/2 と－1/2 に規定される電子のエネルギー状態に分裂（ゼーマン分裂）し，電子軌道は二つに分かれる。

不対電子や自由電子のように一つの軌道だけに電子がある場合，分かれた軌道のうちエネルギーの低い軌道により多くの電子が存在する。このように低いエネルギー状態にある電子にエネルギーを与えると，電子はエネルギー状態の高い軌道に移る。そのエネルギーは分裂したエネルギー準位のエネルギー差 ΔE に相当する電磁波エネルギーに対応する。このように磁場内に置かれた電子が電磁波エネルギーの共鳴吸収を起こすことを電子スピン共鳴吸収（Electron Spin Resonance: ESR または Electron Paramagnetic Resonance: EPR）という。

エネルギー差 ΔE は磁場の強さ H_0 に比例し，その関係は次式で表せる。

$$\Delta E = g \cdot \beta \cdot H_0 \tag{2.5}$$

ここで，g は分離定数，β はボーア磁子である。磁場の強さが $H_0 = h\nu / g\beta$ のとき，電子は電磁波（マイクロ波）のエネルギーを吸収し，これにより電磁波のエネルギーは吸収された分だけ低下する。電磁波の周波数を連続的に変えながら測定するのは困難なので，磁場 H_0 を変えながら測定を行い，電磁波の強さの変化を H_0 の関数として表した曲線（ESR 共鳴吸収曲線あるいは ESR スペクトル）を得て，電磁波の吸収量を求める。ESR 測定の原理を図 2.13 に示す。

放射線照射により生じる遊離基（フリーラジカル）の数は線量に比例すると考えらえるので，電磁波の吸収量から線量を評価することができる。この原理を利用した線量計を ESR 線量計（ESR dosimeter: ESRD）と呼ぶ。

ESR 線量計の素材としては，アミノ酸の一種であるアラニンがよく知られており，その安

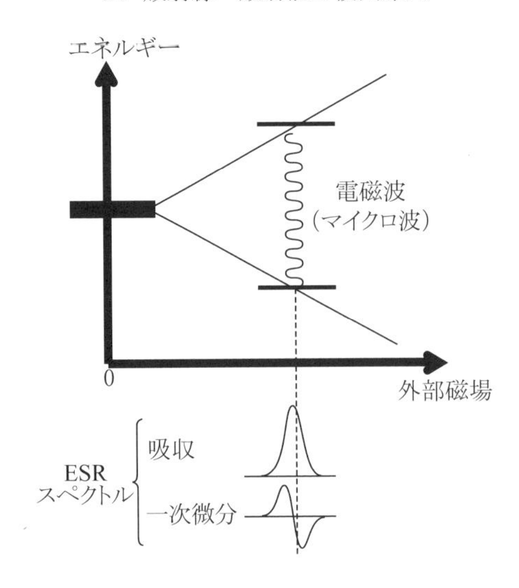

図 2.13 電子スピン共鳴吸収（ESR）の原理

定性の高さから，アラニン線量計は参照（リファレンス）線量計としても利用されている。
一方，ESR 吸収を示す物質には，人工的に作られた結
晶体だけでなく，自然界にある貝殻や木材，砂糖や香辛料などの食品，歯や爪などの生体組織などがある。これらの物質は，放射線災害時などの放射線測定器が配備されていないような状況において，一般住民の被ばく線量を評価する上で有効な ESR 線量計になり得る。ただし，これらの素材の多くは，放射線照射後に短時間で顕著なフェーディングを示し，一方で物理的な衝撃による遊離基の生成が起こり得るので，その実用においては，試料の慎重な取扱い，被ばく直後の迅速な測定および正確なフェーディング補正が重要である。

2.2.6 飛跡の利用

放射線の飛跡を，1）過飽和現象，2）放電あるいは3）絶縁体の放射線損傷を利用して，肉眼あるいは光学顕微鏡を介して見えるようにする方法がある。

1）過飽和現象の利用

空気と水蒸気，あるいはアルゴンとアルコールのように，ある気体の中に蒸気が過飽和の状態で存在するとき，荷電粒子が通過すると，その通路沿いにできたイオンが核となり，霧滴が成長してくる。これを放射線の飛跡として肉眼で見られるようにした装置が霧箱（cloud chamber）である。

霧箱には，断熱膨張により，温度を急に下げて過飽和の状態を得る断熱膨張型霧箱と，温度勾配のあるところへ蒸気が拡散すると，過飽和の状態が作られることを利用した拡散型霧箱とがある。後者は持続時間が比較的長く，連続的な観測が可能である。

霧箱と似た原理に基づく方法として，液体中を荷電粒子が通過したあとに発生する微小な気泡の列によって粒子の飛跡を観測する方法がある。これを利用した装置を泡箱（bubble chamber）という。この方法では，密閉した容器の中に，イソブタンやプロパンなどの液体を閉じ込め，高い圧力をかけて沸騰を抑えながら沸騰点より高い温度に保っておく。次に断熱的に減圧すると，液は過熱状態になり不安定になる。そこへ荷電粒子が通過すると，通路に沿って泡が発生し，飛跡を観測することができる。霧箱と比較すると，泡箱には内部の液体が核反応または素粒子反応の標的物質となるので，飛跡を始点から観察できるという特長がある。この方法は超高エネルギー粒子線の研究に主として使われてきたが，極めて大型かつ高価であるため，現在稼働している装置はごく少ない。

２）**放電の利用**

向いあった2面が導電ガラスでできた箱の中に，1気圧のネオンに0.1%のアルゴンを封入し，別な計数管を使って，粒子が通過した時点を検出し，高電圧パルスを印加すると，通路沿いに放電が生じ，飛跡を観測することができる。これを利用した装置は放電箱（discharge chamber）と呼ばれる。

また，間隔1mm前後の平行金属板に，放電箱同様に粒子の通過時を検出し，約10kVで1μs幅のパルス電圧を印加すると，荷電粒子によりイオン対ができたところに放電がおこる。したがって，金属板を何組も重ねておくと飛跡を観測することができる。これを利用した装置をスパークチェンバー（spark chamber）という。

３）絶縁体の放射線損傷の利用

固体中を重荷電粒子（陽子や重イオン）が通過すると，通路に沿って固体の原子配列に歪み（放射線損傷）が生じる。絶縁性の固体の中には，この損傷を化学処理（エッチング）によって光学顕微鏡で観測できる大きさまで拡大できるものがあり，そうした素材を固体飛跡検出器（track-etch detector）と呼ぶ。

固体飛跡検出器は，X・γ線に不感であるという他の検出器にはない特長を持ち，重荷電粒子の電荷や角度，エネルギーに関する情報を詳細に提供することができる。また，多くの検出素子は，小型で携帯に適している，安価である等の利点も有している。

α粒子を固体飛跡検出器に照射し，それを苛性ソーダ等でエッチング処理すると，α粒子の通路に沿って楕円形のエッチピットができ，飛跡の観測ができる（図 2.14)。中性子が対象の場合は，検出素子の前に荷電粒子を発生させる物質（ラジエータ）を密着させることにより，熱中性子との核反応で生じたα粒子の飛跡や速中性子により生じた反跳陽子のエッチピット数から中性子の線量を評価することが行われている。

代表的な検出素子はCR-39（アリル・ジグリコール・カーボネイト）で，感度を高めたCR-39により10MeV程度のLETの比較的低い陽子の飛跡も観測することが可能になっている。他にも，CR-39に比べて感度は劣るが，ポリカーボネートやセルローズニトレートなども固体飛跡検出器として利用される（5.3節参照)。

なお，類似の原理を応用した方法として，2種の液相ガラスの混合系の準安定状態を利用し

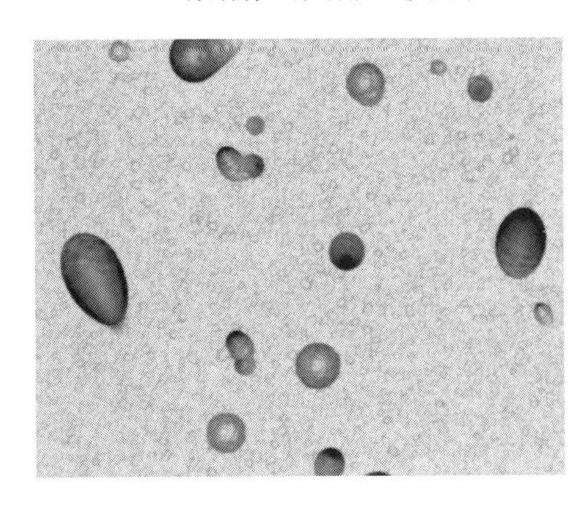

図 2.14 光学顕微鏡で観測された固体飛跡検出器表面の飛跡画像

た，glass chamber の開発も進められている。

2.2.7 化学作用の利用

放射線を照射すると，原子や分子の電離・励起を経て化学変化が生じ，その生成物を観察することによって放射線の線量を評価できるような物質がある。ただし，そうした物質を線量計として応用するには，生成物が安定であること，環境条件によって変化せず再現性が良いこと，線量率依存性が小さいこと，読取処理が簡便であることなどが必要となる。

1）感光の利用

乳剤中に入射した荷電粒子は，電離によって乳剤中のハロゲン化銀に対し感光と同じ効果をもたらす。その結果，現像すると，現像銀粒子が荷電粒子の通路に沿ってでき，その飛跡が顕微鏡で観測できる。そして，現像銀粒子の配列状態や飛程などから，入射粒子の電荷やエネルギー等を決めることができる。

この目的で作られた写真乾板（ガラス板を支持体としてその表面に乳剤を塗布したもの）を原子核乾板（nuclear emulsion plate）という。原子核乾板は，高エネルギー重粒子の検出や核反応の研究等に広く利用されてきた。それらは，光学用乾板と比べて乳剤が厚く，乳剤中のハロゲン化銀粒子の大きさが一様で細かいという特徴がある。

原子核乾板と同様に，写真用のフィルムも放射線照射によって感光するので，黒化した度合いから放射線の線量を評価することができる。このフィルムは，後述のラジオクロミックフィルムと区別するため，「ラジオグラフィックフィルム」ということもある。診断用に開発された高感度のフィルム（X 線フィルム）は，胸部や胃の X 線撮影などに広く用いられている。ただし，フィルムの黒化度には，エネルギー依存性や方向依存性があり，線量に対する線形性が良くないという問題があり，現像条件や校正を慎重に行う必要がある。

フィルムは，小型かつ安価で取扱いが楽という利点から，個人線量計（フィルムバッジ）として放射線業務従事者の被ばく管理等に広く使われていたが，現像に伴う廃液処理の面倒さが増すにつれ，他の検出器に取って代わられてきた。

上記以外の原子核乾板やフィルムの使い方として，放射性同位元素を含んだ試料に密着させて乳剤を感光させ，光学顕微鏡を用いて乳剤膜中の現像銀粒子（黒点）の増加を観察・記録することで，放射性物質の濃度分布を調べることができる（オートラジオグラフィ）。サイズの大きな試料については，乳剤膜の現像銀粒子の増加を白黒写真のような肉眼で見える濃淡の画像として記録することも可能である（マクロオートラジオグラフィ）。後者の一例を図 2.15 に示す。ただし，近年，こうしたオートラジオグラフィの用途に，X 線フィルム等に代えてイメージングプレート（IP）を使用するケースが増えてきている。

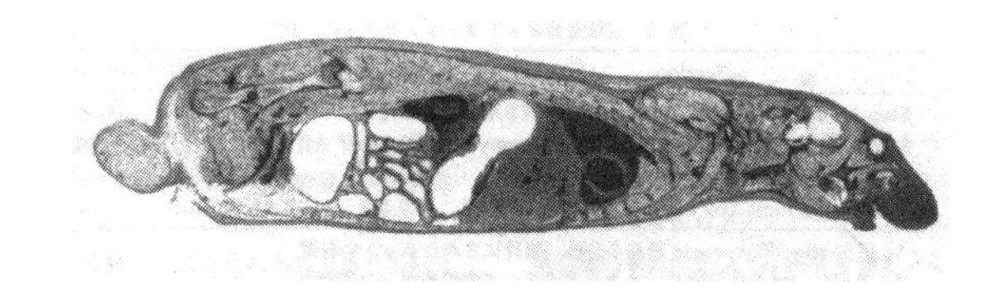

図 2.15 マクロオートラジオグラフィによる生体組織の観察例
（提供：日本アイソトープ協会）

2）着色や白濁の利用

放射線を照射すると，化学反応によって，観察可能な着色や白濁を生じる物質がある。したがって，この着色や白濁の度合いを比色計や黒化度計等で測定することにより，線量を評価することができる。たとえば，プラスチックの着色は，加速器からの大強度ビームの測定等に用いられている。ただし，プラスチックやガラス等の固体における放射線着色は，一般に感度が低く，少ない線量の放射線測定には不向きである。

放射線照射により発色する性質を持つ物質（radiochromic dye）をポリマーに添加したフィルム状プラスチックは，ラジオクロミックフィルム（radiochromic film）と総称され，X 線フィルムと違い現像が必要なく手軽に使えることから，滅菌処理における線量測定や加速器ビームの形状確認などに用いられている。数種類のラジオクロミックフィルムが市販されているが，その中で最も用いられているのが，100 μm 厚のポリエステルフィルムの表面にラジオクロミック物質をコーティングしたガフクロミックフィルム（Gafchromic film）で，このフィルムに放射線を当てると無色透明から青色に着色するので，それをスキャナーで読み取ることで二次元の線量分布を測定できる。ガフクロミックフィルムは，紫外線や温度の影響を受けにくいという特長がある一方，着色が安定するまでに 2 日ほど要するといった欠点がある。また，元素組成について明らかにされていない。

比較的低線量の測定に使えるものとして，放射線感受性物質を含む水溶液を使用し，放射線の照射によって水溶液中で起こる酸化・還元などの化学反応を着色や白濁で検出する方法がある。この検出法では，放射化学収量 G 値（mol/J）の分かっている物質（溶液）に放射線を照射し，反応生成物の濃度 q （mol/m^3）を比色計などで測定して，次式により吸収線量 D を求める。

$$D = \frac{q}{G \cdot \rho} \text{〔Gy〕} \tag{2.6}$$

ここで，ρ は水溶液の密度（kg/m^3）である。

この水溶液を用いた検出器は一般に化学線量計と呼ばれ，多くの種類がある。その一部を表 2.2 に示す。このうちよく知られているのは，フリッケ線量計とセリウム線量計で，前者は鉄イオンが Fe^{2+} から Fe^{3+} に酸化される反応を，後者はセリウムイオンが Ce^{4+} が Ce^{3+} に還元される反応を利用したもので，その反応の度合いを吸光度の変化として捉えるものである。この測定方法は比較的古くから知られている（詳しくは 3.8 節参照）。

表には挙げていないが最近注目を集めている化学線量計として，放射線感受性物質を含む水溶液群をゼラチン等のゲル化剤で固化した三次元ゲル線量計がある。ゲル線量計では，放射線照射で生成したイオン等がゲルマトリクスにより空間的に保持されるので，これを Magnetic Resonance Imaging (MRI) や Computer Tomography（CT）で測定することにより，三次元の線量分布を評価することができる。三次元ゲル線量計には，大きく三つの種類：a) フリッケゲル線量計，b) ポリマーゲル線量計および c) 色素ゲル線量計があり，それぞれに長所と短所がある（詳しくは 3.8 節参照）。

表 2.2　各種化学線量計の特性

線量計	溶液または試薬	変化	測定上限〔cGy〕	線量率〔cGy/h〕	線種	G 値	定量方法
フリッケ線量計（鉄線量計）	0.001M $FeSO_4$，$0.8NH_2SO_4$ 0.001M NaCl の空気飽和溶液	$Fe^{2+} \to Fe^{3+}$（酸化）	4×10^4	3×10^3 ～10^6	$\beta \cdot \gamma$	15.5	304 nm 紫外吸収または比色
セリウム線量計	0.004M $Ce(NH_4)_4(SO_4)_4$， 0.4M H_2SO_4 水溶液	$Ce^{4+} \to Ce^{3+}$（還元）	10^6	3×10^3 ～5×10^9	$\beta \cdot \gamma$	2.4	320 nm 紫外吸収または滴定
ベンゼン—水線量計	ベンゼン飽和水溶液，空気飽和	フェノルの生成量	6×10^4	—	$\gamma \cdot$ n	2.63	274 nm 紫外吸収
メチレンブルー	1g / l メチレンブルー水溶液	脱色	6×10^6	10^4～10^8	γ	—	比色計
クロロホルム—BCP	精製クロロホルム，レゾルシン (0.2～2%) またはエタノール (0.2%) に，ブロムクレゾールパープル水溶液 1/3 容添加，pH 調節	変色	～10^6	—	γ	—	比色計
プラスチックフィルム	0.01～0.2%メチルバイオレット， 4%PVC クロロベンゼン溶液	脱色	10^7	10^4～10^{10}	γ	—	600 nm の吸収または比色
重クロム酸	2.5mmol / l 重クロム酸カリ 0.1mol / l 過塩素酸水溶液	—	4×10^6	—	γ	—	440 nm の吸収

化学線量計は，その G 値が放射線の線質によっても変わったり，温度の影響を受けたり，測定に極めて高純度の水を必要とするなど，電離や発光等を利用する検出器に比べて取扱いが面倒であるという欠点がある。一方，水溶液を用いるので，ほぼ水と同じ元素組成・電子密度になり，人体軟組織の吸収線量の計測には適している。また，G 値が不明の場合でも，再現性の良いものであれば，相対測定には有効な手段となる。

【例題】 化学反応を利用するのはどれか。二つ選べ。

1. セリウム線量計
2. ゲルマニウム検出器
3. フォトダイオード検出器
4. フリッケ線量計
5. チェレンコフ検出器

【解答】 2.ゲルマニウム検出器と 3.フォトダイオード検出器は固体の電離を，5.チェレンコフ検出器はチェレンコフ放射を利用する。正解は 1 と 4。

【例題】 荷電粒子の飛跡を直接観測できるのはどれか。

1. GM 計数管
2. シンチレーション検出器
3. チェレンコフ検出器
4. 原子核乾板
5. パルス電離箱

【解答】 1.GM 計数管，3.チェレンコフ検出器や 5.電離箱は飛跡の観測はできない。2.シンチレーション検出器のうち高詳細なシンチレータアレイと光半導体素子を集積させて飛跡を観られるようにしたものもあるが，精緻なデータ処理を必要とするので直接観測とは言い難い。正解は 4。

2.2.8　核反応の利用

1）放射化の利用

核反応の中でも吸熱反応の放射化は，入射粒子があるしきい値以上のエネルギーでなければおこらない。また，特定のエネルギー値を中心に，強く反応がおこることもある（共鳴）。したがって，このことと，反応断面積の知識とを利用することにより，入射粒子のエネルギーを同定したり，ある特定エネルギー以上の粒子のフルエンスを求めたり，いろいろな核反応を組み合わせて，大まかなエネルギースペクトルを評価したりすることができる。このような，しきい値を持つ核反応（放射化）を利用した検出器をしきい検出器（threshold detector）と呼ぶ。

しきい検出器には，金箔（の放射化分析）のように，中性子のフルエンスの測定に欠かすことのできないものが多くある（1.4.3 参照）。一方で，稀少な金属の薄膜を必要とする等の難しさもある（表 2.3）。

表 2.3　しきい検出器の長所，短所

長　所	短　所
● エネルギーの不明な中性子の線量を定量できる。 ● 衝撃その他の心配がなく使用が簡単である。 ● 積算線量，瞬間線量も測定できる。	● 測定に用いる金属箔の入手が必ずしも容易ではない。 ● 微小な線量は測定できない。

2）ラジエータの利用

放射線と核反応を起こし易い物質をラジエータとして用い，それから飛び出す二次放射線を検出することにより，入射した一次放射線を検出することができる。

たとえば，熱中性子検出用として，最も広く用いられている BF_3 カウンタ（比例計数管）は，$^{10}B(n, \alpha)^{7}Li$ 反応により，アルゴン中に充填された，BF_3 ガス中の ^{10}B と，熱中性子とが反応して生じた α 粒子を検出するようになっている。また，^{10}B やウランを電極や壁材に用いた電離箱も，熱中性子検出用として使われている。カドミウムとフィルムとを組合わせた熱中性子の測定では，Cd 箔からでる γ 線をフィルムで検出している。こうした検出方法には，相互作用（核反応）と検出器の組合わせにより，様々な応用が考えられる。

2.2.9　温度上昇の利用

物質に放射線が吸収されると，僅かながら温度上昇が起こる。それを熱電対やサーミスタを用いて検出し，エネルギーフルエンスの絶対測定を行うことができる。この原理に基づく検出器は熱量計（カロリーメータ）と呼ばれる。一般に，吸収体には，X，γ 線に対しては鉛を，電子線にはカーボンかアルミニウムを用いる。エネルギーフルエンスの計測のほか，局所的な吸収線量の測定にも用いることができる。水カロリーメータが吸収線量の絶対計測器として開発されている。なお，1 Gy の吸収線量は，2.4×10^{-4}℃程度の温度上昇となる。

中性子の検出に用いられるバブル線量計も，温度を測定するものではないが，過熱状態にある液滴の沸騰現象を利用している点で，熱の付与を利用した検出器と言える。バブル線量計は，常温よりも沸点の低いフレオン等を過熱状態にして高分子化合物（アクリルアミド）に混合したもので，中性子によって発生した炭素やフッ素等の反跳核により一定のレベルを超えた熱量が液滴に付与されると，過熱液滴が気化して気泡を発生する。この気泡を計数することにより中性子の線量を測ることができる。バブル線量計には，γ 線に不感であるとい

う大きな特長があるが，温度による影響を受け易いという欠点がある。

【例題】 電離現象を利用しないのはどれか。

1. GM 計数管
2. カロリーメータ
3. モニタ線量計
4. MOSFET 線量計
5. ゲルマニウム半導体検出器

【解答】 2.カロリーメータは放射線によって付与されたエネルギーを熱量として測定する。それ以外（1，3，4，5）はすべて電離を利用した測定を行う。正解は 2。

演　習　問　題

2-1　放射線検出器で正しいのはどれか。二つ選べ。

1　GM 計数管は電子なだれを生じる。

2　自由空気電離箱は吸収線量の測定に使用される。

3　Fricke<フリッケ>線量計は還元作用を利用する。

4　熱ルミネセンス線量計は紫外線照射によって発光する。

5　ゲルマニウム検出器はエネルギースペクトルの測定に利用される。

2-2　放射線測定器の原理と関係する事項の組合せで正しいのはどれか。二つ選べ。

1　TLD……………………………紫外線

2　OSLD …………………………加熱

3　ガラス線量計 …………………着色

4　半導体検出器 …………………電離作用

5　フリッケ線量計………………酸化現象

2-3　放射線検出器とその特性の組合せで正しいのはどれか。二つ選べ。

1　電離箱線量計 …………………増幅作用

2　半導体検出器 …………………エネルギー依存性

3　蛍光ガラス線量計……………加熱特性

4　熱ルミネセンス線量計 ………紫外線照射

5　ガフクロミックフィルム……着色

2-4　放射線検出器に関する組合せで正しいのはどれか。二つ選べ。

1　電離箱…………………………シンチレーション

2　CR-39…………………………黒化度

3　NaI(Tl) ………………………潮解性

4　GM 計数管……………………電子なだれ

5　蛍光ガラス線量計……………グロー曲線

2-5　個人被ばく線量計で蛍光量を用いるのはどれか。

1　OSL 線量計

2　フィルムバッジ

3　アラームメータ

4　固体飛跡検出器

5　直読式ポケット線量計

2-6　イメージングプレート（IP）に関する次の記述のうち，正しいものはどれか。

1　溶融したシンチレータ粉末をプラスチックフィルムに塗布したものである。

2　比較的高い線量（1 Gy 以上）の測定に適している。

3　光照射によるアニール処理をすることで繰り返し使用できる。

4　フェーディングはほとんど問題にならない。

5　荷電粒子に対しては使用できない。

2-7　電離電荷を測定できる検出器はどれか。二つ選べ。

1　半導体線量計

2　シンチレーション検出器

3　電離箱線量計

4　蛍光ガラス線量計

5　熱ルミネセンス線量計

2-8　放射線の電離作用を直接利用するのはどれか。

1　チェレンコフ検出器

2　金箔しきい検出器

3　CsI(Tl)シンチレーション検出器

4　ガラス線量計

5　Ge(Li)半導体検出器

2-9　次のうち誤っているのはどれか。

1　ポケット線量計は電離作用を利用する。

2　蛍光ガラス線量計は OSL 反応を利用する。

3　ロングカウンタは $^{10}B(n, \alpha)^{7}Li$ の反応を利用する。

4　熱ルミネセンス線量計は加熱による発光を利用する。

5　フリッケ線量計は Fe^{2+} の酸化反応を利用する。

３．代表的な放射線計測器

放射線量の代表的なものとして，照射線量と吸収線量があげられる。照射線量は空気の単位質量あたりにおける電荷で，その単位は[C kg^{-1}]である。一方，吸収線量は単位質量あたりに吸収される放射線のエネルギーで，その単位は[J kg^{-1}]であり，特別単位は[Gy]が用いられている。それぞれの計測において，電離作用・発光現象・化学反応などを利用した計測器が使用されている。

3.1 電　離　箱

3.1.1 照射線量の計測

照射線量は，光子によって生じた全電子が空気中で完全に止まるまでに空気中に生じた正負いずれかのイオンの持つ全電荷の絶対値である。

照射線量を定義通りに計測するには，空気の一定質量（dm）中から発生した荷電粒子線が作るイオン対（dQ）を収集しなければならない。X，γ 線の物質に対する作用過程は，X，γ 線が間接電離放射線であるため，一次過程で発生した光電子やコンプトン電子のような荷電粒子線の電離によって，イオン対が生成される。図 3.1 のように空気中に一定質量領域 V を想定すると，この領域から発生した荷電粒子（実線）の飛跡に沿って生成するイオン対は全部収集して，この領域外の空気から発生した荷電粒子（点線）の作るイオン対は計測から除外しなければならない。電気計測から考えても，領域 V のような一定容積中のイオン対であれば収集できるが，この領域でイオン対を選び出したり，除外したりすることは不可能である。しかし次に述べる荷電粒子平衡によって，これを解決させることができる。

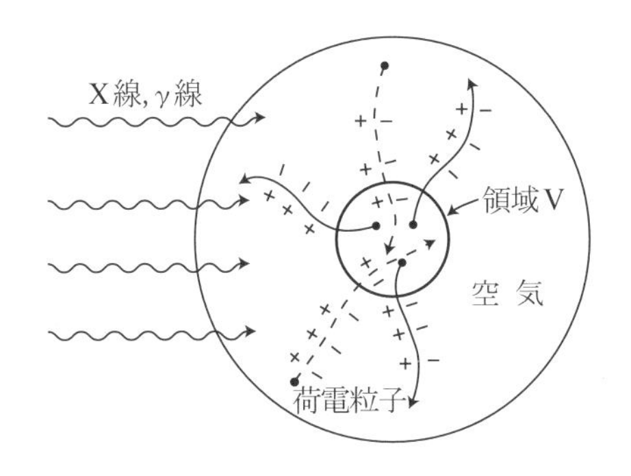

図 3.1 照射線量の概念

3.1.2　荷電粒子平衡

図 3.2 に示すようにある一定の空気領域を仮定し，A，B，C，…と横に配列する。各領域から発生する荷電粒子エネルギーを矢線で示すと，一つの空気領域から発生した荷電粒子が作るイオン対を完全に収集し，他の領域からのものは除外する必要がある。C 領域に着目すると，本来 a，b，c の部分を全部計測しなければならないが，b と b'，c と c'はおよそ等しいため，$a+b+c=a+b'+c'$となり，結局 C 領域中のイオン対を全部収集することは，C 領域から放射された荷電粒子線が作るイオン対を全部収集することと同じである。このように一定領域中から放射される荷電粒子エネルギーが，その領城に入ってくるもので補償される状態を荷電粒子平衡（charged-particle equilibrium）CPE という。また，X，γ 線に関しては二次電子平衡ともいわれる。照射線量の計測は荷電粒子平衡のもとで行われる必要がある。しかし，X，γ 線のエネルギーが増すと，二次電子の飛程も長くなるため，荷電粒子平衡が成立しなくなり，照射線量の計測が不可能となる。したがって照射線量の適用範囲は実用上数 MeV 以下で数 keV 以上の X，γ 線に限定されている。

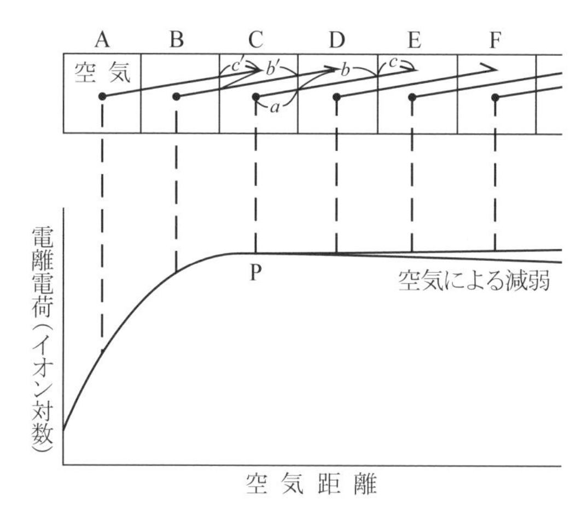

図 3.2　荷電粒子平衡の概念

【例題】 1 kg の空気を照射したとき照射線量は 1 Ckg^{-1} であった。空気中に生じたイオンの数はいくつか。ただし，電子の電荷は 1.6×10^{-19} C である。

【解答】 $\dfrac{1[\mathrm{Ckg^{-1}}]}{1.6\times10^{-19}[\mathrm{C}]}=6.25\times10^{18}$［個/kg］

【例題】 電子平衡について正しいものには○をつけ，誤っているものには×をつけよ。

（　）1. 電子平衡状態では，吸収線量とカーマが等しくなる時がある。

（　）2. X 線の減弱がないと仮定した場合，ビルドアップ領域でも電子平衡は成立する。

(　) 3. X線の減弱が無視できない場合には，完全な電子平衡とはならない。

(　) 4. 線源の近傍では，十分な空気層がないため電子平衡は成立しない。

(　) 5. 電子平衡が成立するためには，飛程に対する光子エネルギーの減弱が大きい必要がある。

【解答】 ○…1，3，4

2. ビルドアップ領域では電子平衡は成立しない。

5. 光子エネルギーの減弱は小さい必要がある。

3.1.3　自由空気電離箱

1）構造

自由空気電離箱（free-air chamber）は照射線量を計測するための絶対計測器で，国家の標準線量計（standard chamber）として使われている。これは定義に基づいて二次電子平衡の状態で電離を起こす空気の質量と，そこに生じた電離電荷の計測より照射線量を求めるもので，その構造を図 3.3 に示す。

重金属で作られたX線入射窓と出射窓を除いては，すべての外壁が遮へいされ，その内部は空気が自由に出入りする構造となっている。上部に高圧電極（high voltage electrode），下部に集電極（collecting electrode）と保護電極（guard electrode）（円筒形ではガードリングと

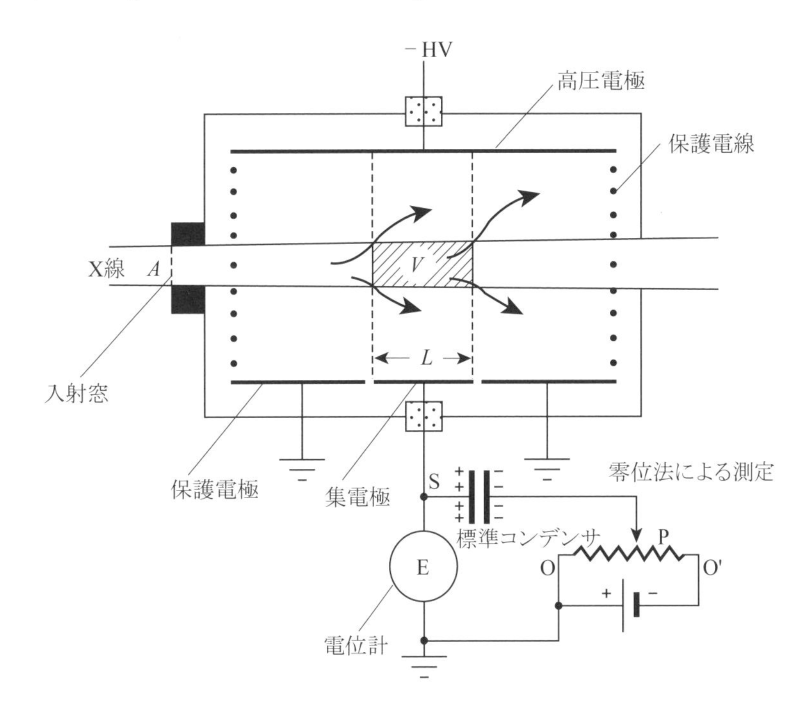

図 3.3　自由空気電離箱の構造

もいう）を配し，高圧電極には約 100 V／cm の電界強度で，およそ 1～2 kV が印加される。集電極は電離電荷を収集するため電位計に接続され，保護電極は集電極と同一平面上で 0 電位に保たれている。そして各電極ともに，高絶縁材料で外壁と絶縁し，高圧電極と保護電極の間には等間隔に籠状に保護電線を張り，各線間を分割抵抗で結ぶことにより，電界分布を均一にする役目を果している。

２）電離体積

照射線量は空気の単位質量[kg]あたりの電離電荷[C]の計測から求められるため，有効電離体積が重要となる。有効電離体積は荷電粒子平衡のもとに，図 3.3 の領域 V である。入射窓から V までの X 線減弱を無視するなら，入射窓の断面積 A と集電極の長さ L で求まる体積 $A \times L$ を有効電離体積と呼ぶ。電離体積内のイオン対は，上下両電極間に現れる電気力線に沿って移動するため，電気力線が垂直でなければならない。一般に電極間の電気力線は図 3.4(a)のように外界の影響により両端で歪む。集電極単独では，このような影響により電離体積は明確にできないが，図 3.4(b)のように保護電極を置き，しかも集電極の電位を常に保護電極と同じ面上で零位に保つなら，電気力線を垂直に保ち，有効電離体積を明確にすることができる。保護電極の役目はこの他にも，荷電粒子平衡を保たせる重要な働きがあり，これは X 線束の方向だけでなく，垂直方向に対しても必要であるから，電離体積から電極までの距離も，二次電子の飛程以上にとっておく必要がある。また保護電極はこの他にも集電極への高圧漏洩電流を減少させる働きもする。

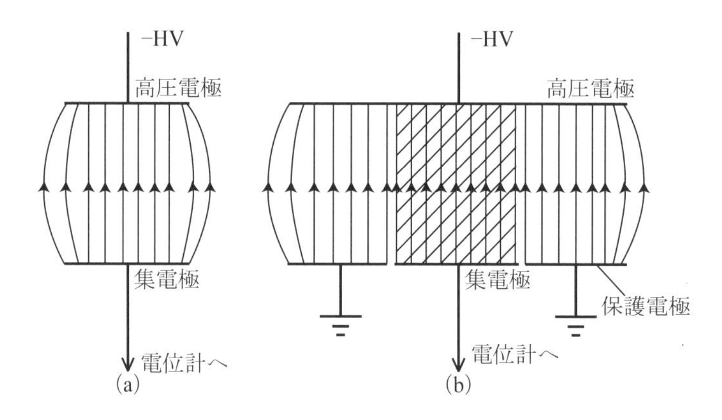

図 3.4 電界分布が電離箱体積に及ぼす影響

３）照射線量の算出

有効電離体積 $A \times L$ と電離電荷量 Q が正確に計測できると，ボイル・シャルルの法則に従い空気密度の気圧・温度補正をすることにより，照射線量 $X\,[\mathrm{Ckg}^{-1}]$ が次式により求められる。

$$X\,[\mathrm{Ckg}^{-1}] = \frac{Q[\mathrm{C}]}{A \cdot L\ [\mathrm{m}^3]} \cdot \frac{1}{\rho_{air}\,[\mathrm{kg \cdot m^{-3}}]} \cdot \left(\frac{273 + t[^\circ\mathrm{C}]}{273} \cdot \frac{101.3}{p[\mathrm{kPa}]} \right) \qquad (3.1)$$

ただし，t；電離箱内空気の摂氏温度，ρ_{air}；標準状態の空気密度（1.293 kgm^{-3}），p；電離箱内空気の気圧である。湿度に対する補正は 25 ℃，相対湿度 60%の場合，0.4%程度であるから，通常は無視しても差支えない。さらに正確に放射線量を求める場合には，イオン再結合に対する補正，および X 線入射口から電離体積までの空気による減弱に対する補正などを行う必要がある。

【例題】 自由空気電離箱を使って X 線量を計測したところ，1 秒間に 2×10^{-8} C の電荷が収集された。照射線量率(Ckg^{-1}min^{-1})はいくらか。ただし，電離箱の入射窓の面積は 6 cm^2，集電極の長さは 5 cm，気温は 25 ℃，気圧 99 kPa とする。電離箱内の空気の密度は 1.293 kgm^{-3} とする。

【解答】

$$X[\mathrm{Ckg}^{-1}]=\frac{Q\ [\mathrm{C}]}{A\cdot L[\mathrm{m}^3]}\cdot\frac{1}{\rho_{air}[\mathrm{kg\cdot m^{-3}}]}\cdot\left(\frac{273+t[℃]}{273}\cdot\frac{101.3}{p[\mathrm{kPa}]}\right)$$

$$=\ \frac{2\times10^{-8}}{6\times100^{-2}\times5\times100^{-1}}\cdot\frac{1}{1.293}\cdot\left(\frac{273+25}{273}\cdot\frac{101.3}{99}\right)$$

$$=5.76\times10^{-4}\ [\mathrm{C\cdot Kg^{-1}\cdot s^{-1}}]$$

$$=3.47\times10^{-2}\ [\mathrm{C\cdot Kg^{-1}\cdot min^{-1}}]$$

3.1.4 空 洞 電 離 箱

電離箱を用いての線量計測では，荷電粒子平衡が成立している必要がある。自由空気電離箱では二次電子を発生するものが空気のため，空気層が厚く大型になっている。そこで，電離箱壁の空気領域を X 線吸収的に空気と等価な固体物質にすれば電離箱を小型にでき，空気等価物質の壁から発生した二次電子が内部の空気を電離することになる。このような考え方で作られたものを空洞電離箱（cavity chamber）またはファーマ形と呼び，図 3.5 および図 3.6 に示す。壁の内面には導電性をもたせ，中心に細い集電極を設け，イオン対の収集を行う。

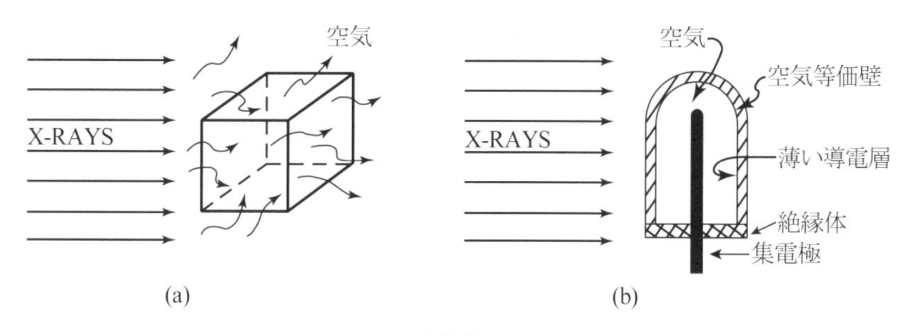

図 3.5　空洞電離箱の原理と構造

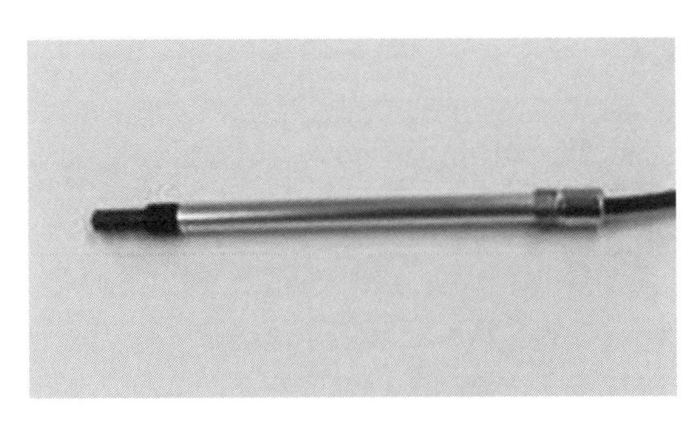

図 3.6 Farmer Ionization Chamber

空気等価壁で囲まれた空洞を有する円筒形の空洞電離箱であり，幾何学的中心と電離中心は異なる。

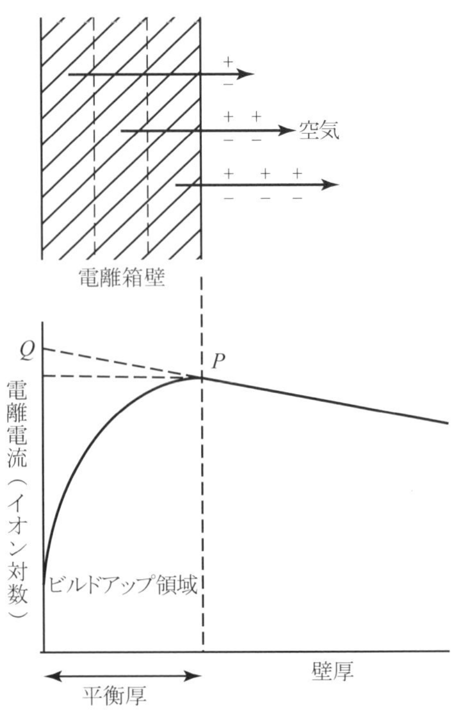

図 3.7 空洞電離箱の壁厚と電離電流の関係

図 3.7 のように壁の厚さを増していくと，壁から発生する電子の数も増加し，電離箱内で作るイオン対数も増加して，P 点で最大値を示す。このときの壁厚を平衡厚と呼び，ここで荷電粒子平衡がほぼ成立したことになる。平衡厚は壁中での二次電子の飛程とおよそ等しい。壁厚をさらに増すと，壁による X 線吸収により，電子の発生量が減少して，イオン対数も減ってくる。この傾斜をグラフ上で壁厚 0（Q 点）まで外挿することによって，壁による X 線吸収の補正ができ，正しい照射線量が求まる。このような空気等価壁には空気の実効原子番号が約 7.64 であることから，ベークライトに炭素を塗布したものや，黒鉛，ポリスチレン，ルサイトなどが用いられている。ファーマ形電離箱は，放射線入射面が曲面をしているため電離体積内の電離中心（実効中心）は幾何学的中心ではない。半径を r とすると，中心電極から線源側へ 0.6 r 移動した点が実効中心となる。

材質の違いによる空洞電離箱の分類は，周囲の壁も電離箱内の気体も空気と等価とされる空気等価電離箱，壁を組織等価とし気体は空気とした組織壁電離箱，壁も気体も組織と等価な物質の組織等価電離箱となる。

【例題】 空洞電離箱の備える条件について正しいものには○をつけ，誤っているものには×をつけよ。

(　) 1. 壁の材質は空気に近い平均原子番号であること。
(　) 2. 電離箱内は安定な窒素ガスが封入されていること。
(　) 3. 壁厚は平衡厚以下とすること。
(　) 4. イオン再結合の補正ができる。
(　) 5. 方向特性が無視できること。

【解答】○…4

1. 実効原子番号である。
2. 電離箱内には空気が封入されている。
3. 平衡厚以上にする必要がある。
5. 方向特性の補正が出来ること。

3.1.5 平行平板形電離箱

図 3.8 および図 3.9 に示すように平板状の高圧電極と集電極が平行に配置されたものが平行平板形電離箱である。両電極間隔は極めて小さく，その間隔は変えることはできないためシャロー形電離箱と呼ばれている。電極間隔を極めて小さくするためにプラスチック板などの支持体にはめ込み，入射面（前壁ともいう）も放射線吸収が少なくなるように極めて薄く作る。一例として，前壁に 0.03 mm ポリエチレンを用い，電極間隔を 1～1.5 mm に作ったものがある。

電離電荷の計測において，印加電圧の極性によって計測値が異なることを極性効果というが，平行平板形電離箱では，この効果が顕著に現れる。標準計測法 12 では，この極性効果を補正する方法が記載されているが，電極への印過電圧の正負それぞれにおける計測値の平均を取ることが基本的な考えとなっている。そして，この電離箱は前壁の薄いことが特徴であるから，電子線や低エネルギー光子のような飛程の短い放射線の計測に用いられ，実効中心

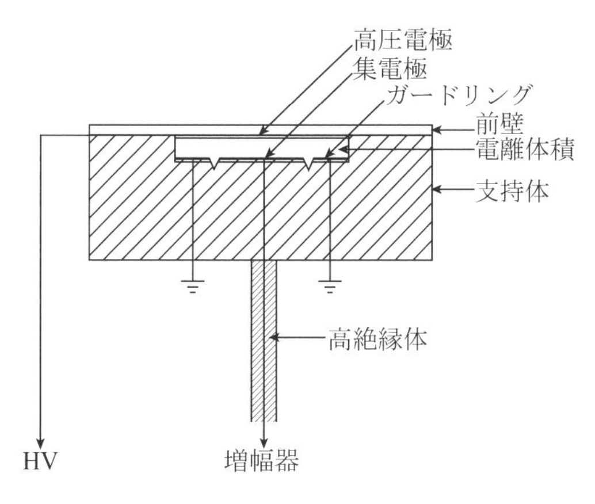

図 3.8 平行平板形（シャロー形）電離箱

図 3.9 Shallow Ionization Chamber

電極間隔が一定な平行平板形の空洞電離箱であり，極性効果に注意が必要である。

となるのは電極の空洞内前壁であることから物質の表面近傍や境界面の吸収線量計測などにも利用される。

3.1.6 コンデンサ電離箱

空洞電離箱の一種として，積算線量を計測する目的にコンデンサ電離箱（condenser ionization chamber）がある。空洞電離箱は空気コンデンサと考えられるから，これに外部から電荷を充電した後，X線照射をすると，空洞中でX線照射によって生成したイオン対で充電電荷は消失する。この消失電気量を計測することによって，照射線量の積算値を知ることができる。

標準状態での空気 v〔m^3〕の電離箱において，X〔C/kg〕の照射により，Q〔C〕の電気量が消失したとすると，照射線量Xは次式から求められる。

$$X = \frac{Q}{v \cdot \rho_{air}} \quad [\mathrm{C/kg}] \tag{3.2}$$

ただし，ρ_{air} は電離箱内空気の密度である。図 3.10 に代表的なコンデンサ電離箱を示す。これは右側の電離箱部分と左側のコンデンサ部分とからなり，コンデンサ部分は高絶縁体（ポリスチレン）をはさんで，中空部分の内面に導電性皮膜を塗布し，集電極に接続される。また絶縁体の外側は金属外筒で覆われ，電離箱壁内面電極と接続されているため，絶縁体をはさんでポリスチレンコンデンサを形成する。この部分は電離箱部分に比べて，ポリスチレンの誘電率が空気より大きく，しかも表面積が大きいため，静電容量は大きい。電離箱の静電容量とポリスチレン部の静電容量は並列接続となるため，全体の静電容量は両者の加算により大きくなる。これにX線を照射すると，電離箱部分ではイオン対の生成により，充電電気量の消失が起こるが，左側は金属外筒で覆われ，しかも中空部分の内壁と中心電極は同電位となり電界がないため，イオン対の収集は行われず電離容積としては働かない。したがって電離箱内の電離電荷のみが計測できる。

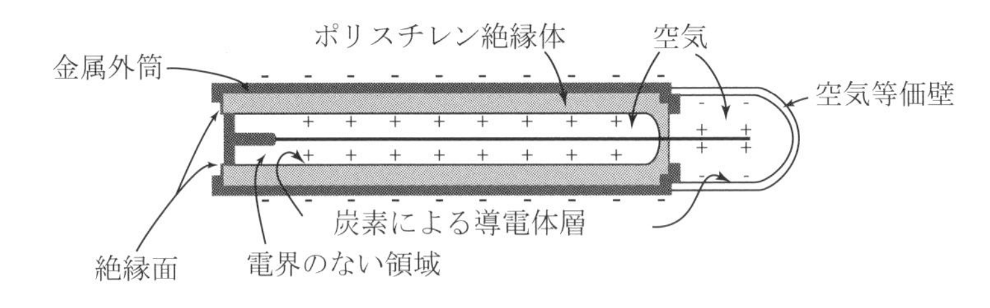

図 3.10 コンデンサ電離箱の断面図

3.2 吸収線量の標準計測法

1）ブラッグ・グレイの空洞原理

吸収線量計測の基本理論として，ブラッグ・グレイの空洞原理（cavity theory）がある。媒

質内の吸収線量 D_m は，小さな空洞内の気体が電離したイオン対数を計測することで求められる。この原理は，あらゆる放射線と物質に適用できる。図 3.11 のように媒質中に気体を満たした小さな空洞を仮定する。

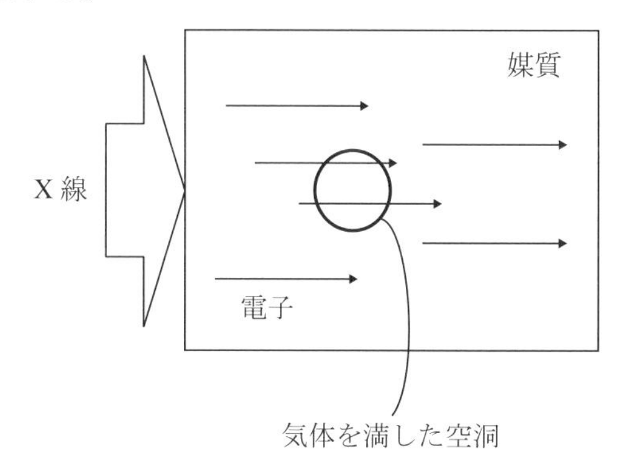

図 3.11 空洞原理による吸収線量測定

これは，媒質中に空洞を挿入したことによって，放射線場が乱されない（二次電子の数や分布状態が変化を受けない）ほど小さいことが必要である。したがって空洞を通過する全ての二次電子は周囲の媒質中で生成されたものと考えられる。空洞内気体の単位質量あたりに生じたイオン対数[kg^{-1}]を J_g とし，気体中で 1 イオン対を作るのに必要な平均エネルギーを W[eV]とすると，イオン対数との積により，空洞ガスの単位質量あたりの吸収線量 D_g[Gy]が次式で求められる。

$$D_g = J_g \cdot W \tag{3.3}$$

ここで空気における W_{air} は，33.97[eV]＝5.435×10^{-18}[J]。

空洞気体の吸収線量 D_g と媒質の吸収線量 D_m の比は，気体と媒質の衝突損失による平均質量阻止能比 $S_{m,g}$ と等しいため，

$$S_{m,g} = S_m / S_g \tag{3.4}$$

媒質の吸収線量 D_m は，

$$D_m = J_g \cdot W \cdot S_{m,g} \text{[J/kg]} \tag{3.5}$$

となる。

W と $S_{m,g}$ は計測条件が決まると定数となるから，空洞ガス中での単位質量あたりのイオン対数 J_g[kg^{-1}]の計測から，物質中の吸収線量が計測できる。一般に W は eV 単位で与えられるが 1 [eV]＝1.602×10^{-19}[J]の関係から[J]単位に換算しておく必要がある。電気素量は 1.602×10^{-19}[C]であるから，J_g [kg^{-1}]は，電離量[C]と空洞気体の質量[kg]の計測から求められる。これがブラッグ・グレイの空洞原理であり，荷電粒子平衡の成立しないビルドアップ領域や，骨と軟部組織の境界領域などの吸収線量も，この考え方で計測できる。

【例題】 ブラッグ・グレイの空洞原理を用いて媒質中の吸収線量計測をする場合，必要のないものはどれか。

1. 空洞中の気体に作られたイオン対の数
2. 気体中で1イオン対を発生するのに必要なエネルギー
3. 気体の平均質量阻止能
4. 媒質の平均質量阻止能
5. 気体の質量減弱係数

【解答】 正解5

空洞中の気体では生成したイオン対数やW値などが必要であり，気体の質量減弱係数は必要ない。

2）外挿型電離箱

荷電粒子平衡が成立していない領域における吸収線量計測では，使用する空洞電離箱の壁厚が十分薄く，空洞内の二次電子はすべて電離箱外の媒質で発生したものでなければならない。ブラッグ･グレイの空洞原理では，空洞の大きさは放射線場を乱さないことが条件となり可能な限り空洞電離体積は0にする必要がある。そこで，図3.12のように，平行平板形電離箱の上下に計測すべきファントムを置き，電極間距離を変化させることにより，種々な電離体積での計測を行う。そして，電極間隔を徐々に小さくしたときの単位質量あたりの電離電荷[C]を電極間距離（電離体積）に対してグラフに描き，グラフ上で体積0まで外挿することによって，近似的に電離体積0での電離電荷が求められる。外挿電離箱は組織内吸収線量の計測の他にも，入射面の壁を極めて薄くできるため，表面吸収線量や異なった2種の物質の境界面での吸収線量の計測も可能である。しかしながら，この線量計は実験室系のもので，日常の線量計測には適さない。

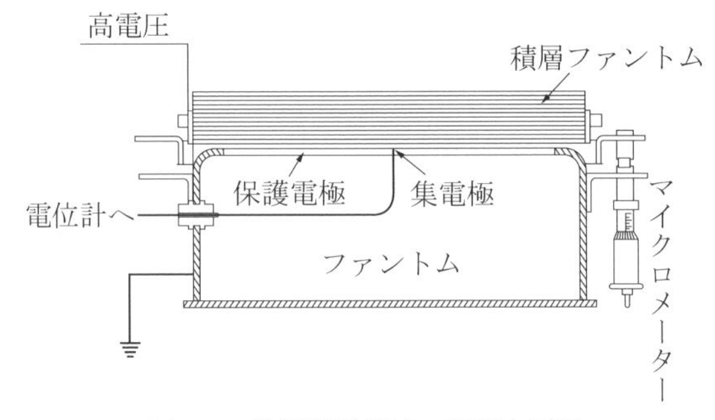

図3.12 外挿型電離箱の原理と構造

3）空洞電離箱による水吸収線量計測法

①照射線量適用範囲での計測

照射線量が適用できるようなエネルギー域（数 MeV 以下）では電離箱の空洞部分において電子平衡が成立しており，吸収線量の計測が可能となる。
光子により X(C/kg)照射された時の空気の吸収線量 D_{air}(J/kg)は，

$$D_{air}=X\frac{W_{air}}{e}=X\frac{33.97[\mathrm{eV}]\times 1.6\times 10^{-19}[\mathrm{J/eV}]}{1.6\times 10^{-19}[\mathrm{C}]}=33.97X[\mathrm{Gy}] \tag{3.6}$$

空洞電離箱の指示値 M に対する校正定数を N_c とすると，$X = MN_c$ となる。
媒質中での吸収線量 D_{med} に変換するには，質量エネルギー吸収係数 (μ_{en}/ρ) により，

$$D_{med}=D_{air}\frac{(\mu_{en}/\rho)_{med}}{(\mu_{en}/\rho)_{air}}=33.97MN_c\frac{(\mu_{en}/\rho)_{med}}{(\mu_{en}/\rho)_{air}} \tag{3.7}$$

電離箱と物質を置換したことによる放射線場の乱れに対する補正係数を擾乱係数（perturbation factor）または置換係数（replacement factor）といい，これを P とする。また温度・気圧補正係数を k_1 として，これらの補正を行うと，

$$D_{med}=MN_ck_1P\left\{33.97\frac{(\mu_{en}/\rho)_{med}}{(\mu_{en}/\rho)_{air}}\right\} \tag{3.8}$$

$f_{med}=33.97\dfrac{(\mu_{en}/\rho)_{med}}{(\mu_{en}/\rho)_{air}}$ とおくと

$$D_{med}=MN_ck_1Pf_{med} \tag{3.9}$$

この場合，f_{med} を X 線の吸収線量変換係数と呼ぶ。これらの補正項の中で，P は通常 1 に近い値であるから，電離箱体積が小さい場合は無視してもよい。照射線量計測可能な条件下での吸収線量計測は，一般的にはこのような方法を用いればよいが，医療で必要とする吸収線量計測は，放射線治療での高精度な吸収線量計測が求められる。人体等価物質として水が用いられるため，水ファントム中での吸収線量計測法が日本医学物理学会の定めた「外部放射線治療における水吸収線量の標準計測法（標準計測法 12）」により基準化されている。

【例題】 空中のある点における照射線量を計測したところ 10 C/kg であった。この点の空気 1 g に放出されたエネルギーは何 J か。ただし，空気の W 値は 33.97 eV とし，この点では電子平衡が成立しているものとする。

【解答】

$$D_{air}=X\frac{W_{air}}{e}=10\times 10^{-3}\times\frac{33.97}{1.6\times 10^{-19}}\times 1.6\times 10^{-19}=0.3397[\mathrm{J/g}]$$

W 値の単位が[eV]のため，1.6×10^{-19} を乗じることで[J]単位にしている。

②高エネルギー光子線の計測

放射線治療では，人体軟部組織の大部分を水が占めていることから水吸収線量を求め人体の線量評価が必要である。線量標準の確立として基準線質となる ^{60}Co γ 線による水吸収線量

標準が産業技術総合研究所になされ，電離箱線量計校正サービスが行われている。高エネルギー光子線の水吸収線量計測は，水ファントム 10 cm（10 g cm^{-2}）の深さ（校正深：d_c）での校正点水吸収線量を正確に計測し，この値から深部量百分率曲線を用いて，計算により各水深での水吸収線量を算出する手法を用いる。そこで，基準線質 Q_0 と異なる線質 Q で照射された校正点水吸収線量 $D_{w,Q}$ は次式により求める。

$$D_{w,Q} = M_Q N_{D,w,Q_0} k_{Q,Q_0} \tag{3.10}$$

ここで，M_Q は N_{D,w,Q_0} とは異なることに対する補正をした値であり，補正前の電離箱の表示値の平均 $\overline{M}_Q^{raw}$ に，温度気圧補正係数 k_{TP}，電位計校正定数 k_{elec}，極性効果補正係数 k_{pol}，イオン再結合補正係数 k_s での補正をした値である。

$$M_Q = \overline{M}_Q^{raw} k_{TP} k_{elec} k_{pol} k_s \tag{3.11}$$

また，N_{D,w,Q_0} は基準線質 Q_0 による水吸収線量校正定数である。

$$N_{D,w,Q_0} = \frac{D_{w,Q_0}}{M_{Q_0}} \tag{3.12}$$

ここで，D_{w,Q_0} は基準線質 Q_0 が照射された場合の水中での校正点吸収線量，M_{Q_0} は基準条件で照射した場合の電離箱の表示値である。

k_{Q,Q_0} は基準線質 Q_0 と異なる線質 Q で照射されたことによる電離箱の感度変化を補正するための係数であり，線質変換係数という。この値は各種線量計毎に $TPR_{20,10}$ によって評価された線質に対応した値が提供されている。ただし，$TPR_{20,10}$ は，（TPR_{20}/TPR_{10}）の比によって表す線質評価法であり，線質指標という。そこで，TPR は組織ファントム線量比（tissue-phantom ratio）とよび，ファントム内のある深さの点での吸収線量と，その点を基準深としたときの吸収線量との比である。したがって，20 cm の深さでの TPR_{20} と，10 cm 深さでの TPR_{10} との比は放射線エネルギーによって変わり，エネルギーが大きくなるほどこの値は大きくなる。光子線の線質指標 $TPR_{20,10}$ 計測の基準条件と配置を表 3.1 と図 3.13 に示す。

表 3.1　光子線の線質指標 $TPR_{20,10}$ 計測の基準条件　（標準計測法 12 より引用）

項目	基準値あるいは基準条件
ファントム材質	水
電離箱	円筒形または平行平板形
計測深	10 g cm^{-2} および 20 g cm^{-2}
電離箱の基準点	円筒形：電離空洞の幾何学的中心
	平行平板形：電離空洞内前面の中心
電離箱の基準点の位置	円筒形，平行平板形電離箱とも計測深
SCD	100 cm
照射野	10 cm×10 cm

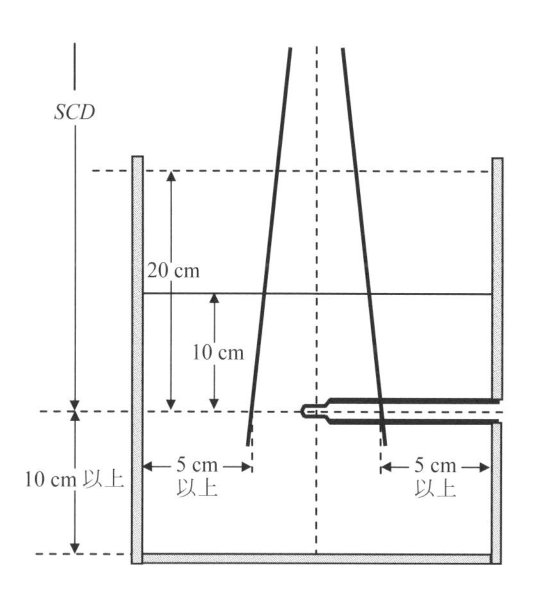

図 3.13 $TPR_{20,10}$ 測定の配置（標準計測法 12 より引用）

k_{TP} は温度気圧補正係数であり，電離空洞内の空気の質量が温度と気圧によって変化することの補正係数であり，温度 22.0 ℃，気圧 101.33 kPa を基準条件として，次式で計算する。

$$k_{TP} = \frac{(273.2 + T)}{(273.2 + 22.0)} \frac{101.33}{P} \tag{3.13}$$

ただし，T は計測時の電離箱内空気の温度（℃），P は気圧（kPa）である。

k_{elec} は電位計校正定数である。この値は電離箱と電位計を別個に校正した場合に，電位計の指示値からクーロン[C]の真値を求めるときの校正定数で，電離箱と電位計を一体で校正した場合には，この係数は 1.0 となる。

k_{pol} は極性効果補正係数であり，これは電離箱の印加電圧の極性の正負によって指示値の異なる現象である。原因は高エネルギーX 線の場合には，コンプトン効果等によって放出された二次電子が集電極や絶縁体に収集されることに起因し，高エネルギー電子線の場合には入射電子そのものが，同じような作用を起こすことによる。

$$k_{pol} = \frac{\left|M_{raw}^{+}\right| + \left|M_{raw}^{-}\right|}{2\left|M_{raw}\right|} \tag{3.14}$$

ここで，M_{raw}^{+} および M_{raw}^{-} は正および負それぞれの印加電圧での電位計の表示値，M_{raw} は通常使用する極性での電位計の表示値である。

k_s はイオン再結合補正係数であり，電離体積内で発生したイオン対が再結合によって失われることに対する補正係数である。イオン再結合は，一つの飛跡に沿って生じるイオンの再結合である初期再結合と多数の飛跡での再結合である一般再結合がある。初期再結合は線エネルギー付与に依存し，電離密度の高い荷電粒子で起こるためX線や電子線では無視できる。一般再結合は電離体積中の電離密度に依存する。イオン再結合補正係数は，パルス放射線と連続放射線とに分けて，2点電圧法を用いて得られる。

異なる印加電圧 V_1 と V_2，指示値 M_1 と M_2 のとき，パルス放射線では，

$$k_s = a_0 + a_1\left(\frac{M_1}{M_2}\right) + a_2\left(\frac{M_1}{M_2}\right)^2 \tag{3.15}$$

であり，標準計測法12では，$\left(\frac{V_1}{V_2}\right) \geqq 2$ としている。

a_0，a_1，a_2 は $\left(\frac{V_1}{V_2}\right)$ により異なる定数であり，表3.2に示す。

連続放射線では，

$$k_s = \frac{\left(\frac{V_1}{V_2}\right)^2 - 1}{\left(\frac{V_1}{V_2}\right)^2 - \left(\frac{M_1}{M_2}\right)} \tag{3.16}$$

である。

表3.2 パルスおよびパルススキャン放射線のイオン再結合補正係数の計算に用いる定数（標準計測法12より引用）

V_1 / V_2	パルス放射線			パルススキャン放射線		
	a_0	a_1	a_2	a_0	a_1	a_2
2.0	2.337	-3.636	2.299	4.711	-8.242	4.533
2.5	1.474	-1.587	1.114	2.719	-3.977	2.261
3.0	1.198	-0.875	0.677	2.001	-2.402	1.404
3.5	1.080	-0.542	0.463	1.665	-1.647	0.984
4.0	1.022	-0.363	0.341	1.468	-1.200	0.734
5.0	0.975	-0.188	0.214	1.279	-0.750	0.474

【例題】 高エネルギーX線の吸収線量の計測について正しいものには○をつけ，誤っているものには×をつけよ。

（　）1. 大気の湿度補正が必要である。

（　）2. 水吸収線量校正定数が必要である。

（　）3. ファントムの温度を考慮する。

（　）4. 照射野より小さいファントムを用いる。

（　）5. 電子フルエンス係数を考慮する。

【**解答**】○…2，5

1. 電離箱の温度気圧補正が必要である。
3. 電離箱の温度を考慮する。
4. 照射野より大きいファントムを用いる。

③高エネルギー電子線の計測

高エネルギー電子線は3～25 MeVのエネルギーの電子線吸収線量計測に適用され，基本的には高エネルギー光子線計測に用いた，式（3.10），（3.11），（3.12）によって水中での吸収線量計測を行う。使用する電離箱は，深部量半価深 $R_{50} < 4\,\mathrm{gcm}^{-2}$ ($\overline{E}_0 < 10$ MeV)では平行平板形電離箱を使用し，$R_{50} \geq 4\,\mathrm{g\,cm}^{-2}$ ($\overline{E}_0 \geq 10$ MeV)のエネルギーでは，ファーマ形電離箱による計測も可能である。

ここで R_{50} は，電子線の線質指標となるものであり，水中の深部量百分率が50%になる深さである。

表 3.3　電子線の線質指標 R_{50} 計測の基準条件　（標準計測法12より引用）

項目	基準値または基準特性
ファントム材質	水（$R_{50} \geq 4\,\mathrm{g\,cm}^{-2}$）
	水または固体ファントム（$R_{50} < 4\,\mathrm{g\,cm}^{-2}$）
電離箱	平行平板形または円筒形（$R_{50} \geq 4\,\mathrm{g\,cm}^{-2}$）
	平行平板形（$R_{50} < 4\,\mathrm{g\,cm}^{-2}$）
電離箱の基準点	平行平板形：電離空洞内前面の中心
	円筒形：電離空洞の幾何学的中心から $0.5\,r_{\mathrm{cyl}}$ 線源側
SSD	100 cm
照射野（A_0）	10 cm×10 cm 以上（$R_{50} \leq 7\,\mathrm{g\,cm}^{-2}$）
	20 cm×20 cm 以上（$R_{50} > 7\,\mathrm{g\,cm}^{-2}$）

R_{50} 計測のための基準条件を表3.3に示す。R_{50} の計測では，深部電離量百分率(*PDI*)を計測し，*PDI* が最大値の50%になる深さ深部電離量半価深 I_{50} $(\mathrm{g\,cm}^{-2})$ から次式により算出する。

$$R_{50} = 1.029 I_{50} - 0.06\,\mathrm{g\,cm}^{-2} \quad (I_{50} \leq 10\,\mathrm{g\,cm}^{-2}) \tag{3.17}$$

$$R_{50} = 1.059 I_{50} - 0.37\,\mathrm{g\,cm}^{-2} \quad (I_{50} > 10\,\mathrm{g\,cm}^{-2}) \tag{3.18}$$

また，校正深 d_{c} は次式によって計算された水中の深さとする。

$$d_{\mathrm{c}} = 0.6 R_{50} - 0.1\,\mathrm{g\,cm}^{-2} \tag{3.19}$$

なお，平均入射エネルギー $\overline{E}_0$ は，次式により求めることができる。

$$\overline{E}_0 = 2.33 R_{50} \tag{3.20}$$

これらを用いて高エネルギー電子線の水吸収線量を計測するが，その基準条件を表3.4に示す。

表 3.4 電子線の水吸収線量計測の基準条件　（標準計測法 12 より引用）

項目	基準値または基準特性
ファントム材質	水（$R_{50} \geq 4$ g cm^{-2}）
	水または固体ファントム（$R_{50} < 4$ g cm^{-2}）
電離箱	平行平板形またはファーマ形（$R_{50} \geq 4$ g cm^{-2}）
	平行平板形（$R_{50} < 4$ g cm^{-2}）
校正深	$0.6R_{50} - 0.1$ g cm^{-2}
電離箱の基準点	平行平板形：電離空洞内前面の中心
	ファーマ形：電離空洞の幾何学的中心から 0.5 r_{cyl} 線源側
SSD	100 cm
照射野（A_0）	10 cm×10 cm
	（または出力係数の基準とする照射野）

【例題】 電離箱線量計による電子線の吸収線量計測について正しいものには○をつけ，誤っているものには×をつけよ。

（　）1. 水吸収線量校正定数が必要である。

（　）2. 吸収線量変換係数は深さに依存する。

（　）3. 深部線量半価深から平均入射エネルギーが求められる。

（　）4. ファーマ形は極性効果を考慮する必要がある。

（　）5. 校正深は平均入射エネルギーが 5 MeV と 10 MeV とでは同じである。

【解答】 ○…1，2，3

4. ファーマ形の極性効果は無視できるほど小さいので，考慮する必要はない。

5. 5 MeV と 10 MeV とでは異なり，深部量半価深 R_{50} から求められる。

3.3　シンチレーション検出器と光検出器

放射線による蛍光体の発光現象を利用した検出器で，光電子増倍管の前面に蛍光体（シンチレータと呼ぶ）を装着して放射線を照射すると，放射線粒子が吸収される毎に瞬間的な発光を起こす。この光を光電子増倍管(photomultiplier)によって増幅すると，シンチレータでの放射線吸収粒子数に比例した電気パルスを得ることができる。また増幅器の後に波高分析器を接続すると，放射線の粒子束を計数すると同時に，エネルギー分析をすることができる。図 3.14 に基本的な構成図を示す。

シンチレータは無機と有機に大別され，さらに有機シンチレータは有機結晶シンチレータ，液体シンチレータ，プラスチックシンチレータに分けられる。

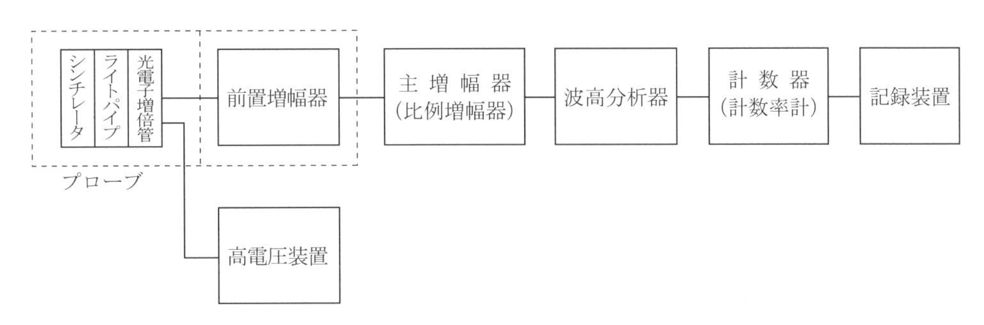

図 3.14 シンチレーション検出器の基本構成図

3.3.1 無機シンチレータ

無機の純粋結晶では，光子放出能率は悪くエネルギーが高いため可視光より波長の短いものとなる。そこで，少量の活性化物質を加えて，禁止帯に新たなエネルギー準位を作り，可視光の放出確率を高める。タリウム(Tl)がよく用いられる。そのエネルギー準位を活性体中心といい，励起準位と基底準位がある。無機シンチレータの種類と特性を表 3.5 に示す。

表 3.5 シンチレータの種類と特性

シンチレータ		密度 (g/cm^3)	実効原子番号 Zτ	最大強度の蛍光波長 (nm)	発光効率 (相対値)	減衰時間 (ns)
無機	NaI(Tl)	3.67	50	410	2.0	230
	ZnS(Ag)	4.1	27	450	2.0	200
	CSI(Tl)	4.51	54	580	0.95	1,100
	LiI(Eu)	4.06	52	475	0.75	1,200
	CdS(Ag)	4.3	44	760	2.0	230
	BGO	7.3	74	480	0.2	300
	GSO	6.7	59	430	0.4	60
有機	アントラセン	1.25	5.8	447	1.0	30
	スチルベン	1.16	5.7	410	0.5	4.5
プラスチック		1.03	−	370〜430	0.5〜0.7	1.5〜3.0
液体		0.85〜1.60	−	385〜425	0.2〜0.8	2.5〜4.0

放射線照射によって電離された電子は伝導帯へ，正孔は価電子帯へ移動する。電子は一時的に捕獲準位(中心)に入ることもあるが，活性体中心の励起準位に移動する。また，捕獲準位(中心)の電子が室温でエネルギーを得て，上の励起準位(蛍光中心)に移り，基底準位あるいは価電子帯に下がる時，光子(波長が可視光より短い)を放出する。これを燐光という。その他，励起によって励起子という電子と正孔の対ができ，励起子帯に存在する。正孔は基底準位へ移動し活性化物質を電離(束縛電子を奪う)して空位を作る。その空位に励起準位の電子が移動し，余分なエネルギーが発光される。このように無機シンチレータの発光機構は電

子・正孔の電離と励起による。

無機シンチレータは実効原子番号が高く密度が大きいので，基本的には X・γ 線の計測に適する。NaI(Tl)シンチレータの発光量は最も大きいが，潮解性があるためアルミケース中に結晶が入った状態で使用される。ZnS(Ag)シンチレータは粉末状をしており，蛍光効率が高いが透明度が悪いため厚い結晶が作れない。そこで α 線計測に用いる。また，$^{10}BO_2$ と一緒にプラスチックに混入させ中性子を計測できる。CsI(Tl)シンチレータの原子番号と密度は NaI より大きいため γ 線計測に適するが，発光量は NaI(Tl)の 50%程度である。潮解性がなくケースに入れる必要がないため，α 線の計測も可能である。LiI(Eu)シンチレータは，潮解性がある。Li(n, α)H 反応を利用して熱中性子の計測ができる。BGO シンチレータは，原子番号も密度も大きく γ 線計測に適し，ポジトロン CT の検出器として用いるが，発光量は NaI(Tl)の 10%以下である。潮解性はなく残光も少ない。

3.3.2　有機シンチレータ

有機結晶シンチレータは，実効原子番号と密度が小さいため制動 X 線の発生が少なく α 線や β 線の計測に適している。無機シンチレータに比べて蛍光減衰時間は 1/100～1/1000 程度短く，高い時間分解能で計測することができる。放射線照射された有機結晶のポテンシャルエネルギーは上昇し励起状態となる。そのうち余分なエネルギーを熱に変換し，励起状態から基底状態へ遷移するときに発光する。このように有機結晶シンチレータの発光機構は有機結晶分子の励起による。

有機結晶シンチレータの代表的なものはアントラセンやトランススチルベンである。アントラセンは蛍光効率が良いが，大きな結晶にはなりにくい特徴がある。トランススチルベンの発光効率はアントラセンよりも低いが発光減衰時間が短く，電子や陽子，α 粒子による発光強度を波高選別によって区別することが可能である。

液体シンチレータは，トルエンなどの溶媒に発光物質としての第一溶質（パラターフェニルなど）と第二溶質（POPOP など）を溶解したものである。特に第二溶質は波長シフタと呼ばれ，最大蛍光量波長を高電子増倍管の波長にずらす役割を担っている。^{3}H や ^{14}C などの低エネルギー β 線の計測に適しており，エネルギー分析も可能である。検出効率は ^{3}H で 60%，^{14}C で 90%以上を保っている。しかし，着色のクエンチングを補正する必要があり，内部標準法，外部標準法またはチャネル比法が用いられている。

プラスチックシンチレータは，有機結晶シンチレータを溶媒に溶かして固体化することによって作ることができ，各種形状のシンチレータが作成できる。しかし，大型のものは自己吸収による光の減衰を考慮する必要がある。蛍光減衰時間は短く，時間分解能は高い特徴を有し，低原子番号のため α 線，β 線の計測に適している。しかし，波高分析は不可能である。

【例題】無機シンチレータについて正しいものには○をつけ，誤っているものには×をつけよ。

（　）1. NaI(Tl)は，発光量は最も大きいが，潮解性がある。

（　）2. CsI(Tl)は，原子番号が大きいため α 線の計測はできない。

（　）3. ZnS(Ag)は，α 線計測に用いる。

（　）4. LiI(Eu)は，潮解性がなく，Li(n, α)H 反応で熱中性子の計測ができる。

（　）5. BGO は，γ 線計測に適しポジトロン CT の検出器として用いる。潮解性はない。

【解答】 ○…1，3，5

2. 潮解性がないためシンチレータに α 線を直接入射させることで計測が可能となる。

4. LiI(Eu)は潮解性がある。

【例題】 液体シンチレーション検出器について正しいものには○をつけ，誤っているものには×をつけよ。

（　）1. ^{3}H 試料は 90%以上の計数効率で計測できる。

（　）2. ^{32}P 試料の計測はできない。

（　）3. 2 本の光電子増倍管が用いられている。

（　）4. 同時計数回路を有する。

（　）5. 光電子増倍管とシンチレータとが密着する。

【解答】 ○…3，4

1. ^{3}H 試料は 60%以上，^{14}C 試料は 90%以上の計数効率である。

2. 低エネルギー β 線であるため計測できる。

5. 密着させてはならない。

3.3.3 光　検　出　器

シンチレーション検出器からの蛍光をとらえ放射線計測とする場合には，その光を電気信号に変換する必要がある。このために光電子増倍管や PIN フォトダイオードが用いられている。

1）光電子増倍管

シンチレータからの発光を電気信号に変え，電子増幅するのが光電子増倍管である。構造の一例を図 3.15 に示す。このように円筒形の上部から受光する形式をヘッドオン型と呼び，シンチレーション計数器には主としてこれが用いられる。Sb-Cs などで作られた光電面にシンチレータからの光子があたると光電子が放出され，これは集束電極を通って第 1 ダイノード(dynode)にあたる。ダ

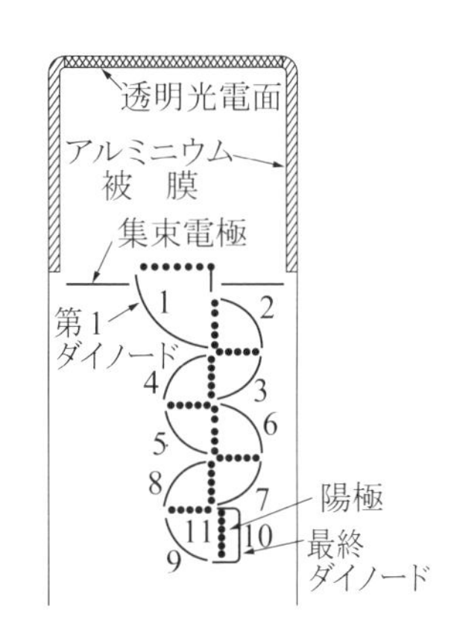

図 3.15　光電子増倍管の構造

イノードは1個の電子の入射により数個の電子を放出する作用をし，この割合を二次電子放出能という。管内には約10段のダイノードを配置し，各段には100 V程度の正電圧を印加することによって，電子の数は急増して陽極に到達し，大きな電気パルスを生ずる。ダイノードを10段とし，二次電子放出能を4とすると，最終的な電子総数は$4^{10} \fallingdotseq 10^6$となり$10^6$倍程度の増幅ができることがわかる。すなわち，$M = \delta^n$（増幅率：$M$，二次電子放出能：$\delta$，ダイノードの段数：$n$）とし，光電子増倍管の印加電圧を変化させていくと，低電圧では光電子増倍率が小さいため，比較的大きいパルスのみが計数されるが，印加電圧が増すに従って，小さいパルスも増幅され計数率は増加する。

2）PINフォトダイオード

フォトダイオードもシンチレータからの発光を電気信号に変換する光検出器の一つである。なかでもPINフォトダイオードは，半導体のpn接合の間にi型半導体（iは真性intrinsic）を挟んだものであり，逆電圧を印加したときに空乏層が大きくなり，高速な応答を実現するものである。光が入射すると空乏層で電子と正孔の対が生成し電極へ移動する。このように入射した光に応じた電流を生じることになる。シンチレーション検出器に求められる性能の一つは，エネルギー分解能が高いことが上げられる。PINフォトダイオードは印加電圧が低く，その領域でのエネルギー分解能は良好である。また，エネルギー直線性が高いことが示されている。そして，PINフォトダイオードの最大の特徴は，長時間安定性が良いことである。全吸収ピークに関して，7時間後の出力波高の変動は数％の減少に過ぎないとの報告がある。

3）波高分析の原理

シンチレータへの放射線吸収の結果，光電子増倍管およびPINフォトダイオードの出力パルスの高さは，シンチレータでの吸収エネルギーに比例している。したがって電気パルスの高さを分析することによって，放射線のシンチレータでの吸収エネルギー分布すなわち，放射線エネルギーを知ることができる。このような目的に使用されるのが波高分析器（pulse height analyzer）である。シングルチャネル波高分析器は波高弁別器（discriminator）2台と逆同時計数回路を組合せたもので，波高弁別器は，ある設定電圧以上のパルスは通過させ，それ以下のものは通さない働きをする。この出力を逆同時計数回路に接ぐと，これは2台の弁別器出力パルスが同時にきたときは計数しないで，片方からパルスがきたときのみ計数する働きをする。したがって図3.16に示すように，上限，下限二つの弁別電圧（ディスクリレベル）を設定したとき，bのパルスは下限を通過し，上限は通過しないため，逆同時計数回路を動作させ，計数することができる。しかしa，cなどのパルスは計数しないため，結局は上限，下限弁別電圧差（$\varDelta$V）に入ったパルスのみが計数される。$\varDelta$Vをウィンド幅（window width）またはチャネル幅（channel width）と呼ぶ。そこでウィンド幅は固定して，レベル電圧（V）を下から上に順次移動させ，その都度の計数率を記録計に書かせていくと，放射線エネルギー分布

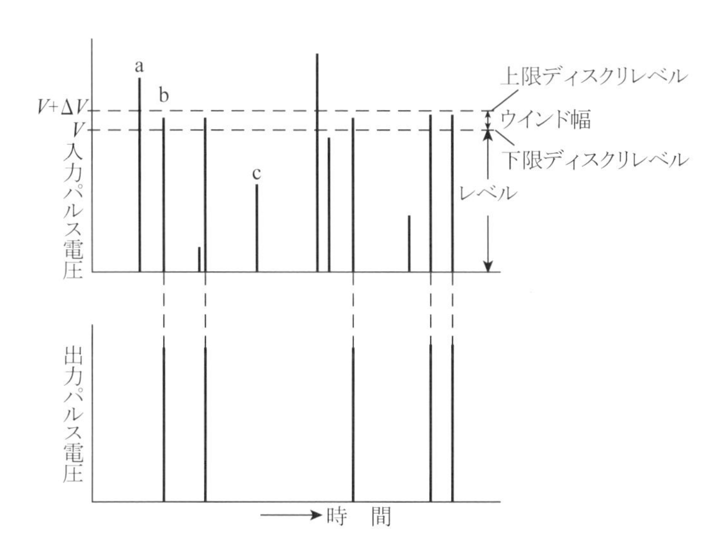

図 3.16　波高分析器の原理

図を得ることができる。このような分析器はウィンドが単一であるため，シングルチャネル波高分析器と呼ばれるが，これに対して多くのウィンドをあらかじめ設定しておくと，レベルを動かさなくても入力パルスはどこかのウィンドに入るから，短半減期の核種などは一度に分析できる。これをマルチチャネル波高分析器という。

【例題】 ダイノードが 10 段，二次電子放出能 4 の光電子増倍管で増幅される倍率はいくらか。
【解答】 $M=\delta^{n}=4^{10}=1048576\fallingdotseq 10^{6}$

3.4　半導体検出器

3.4.1　半導体の性質

半導体とは比抵抗が良導体と絶縁体の間にあるもので，電気抵抗率が 10^{-6}～10^{8}(Ωm)のものである。代表的な半導体は，シリコンやゲルマニウム（Ⅳ族）であり，これにリンやヒ素（Ⅴ族）を微量入れると電子（キャリア）が多く存在する n 型半導体となり，Ⅴ族元素はドナーと呼ばれる。一方，ホウ素やガリウム（Ⅲ族）を微量入れると正孔（キャリア）が多く存在する p 型半導体となり，Ⅲ族元素はアクセプタと呼ばれる。この n 型と p 型を接合し，逆電圧（n 型に正，p 型に負）を印加すると接合面近傍に存在する正孔と電子は互いに反対方向に移動し，分極状態となるため，図 3.17 に示すような空間電荷層（空乏層）ができる。その結果，外部から印加した電界は図に示すようにほとんどが空乏層に印加され，n 層と p 層はそれぞれ正負の電極のような働きをする。これに放射線を照射した場合，空乏層で電離が起こると正孔と電子が生成されるが，この領域の電界強度はとくに大きいため，矢印の方向にそれぞれ移動し，外部回路に電離電流を通ずることになる。

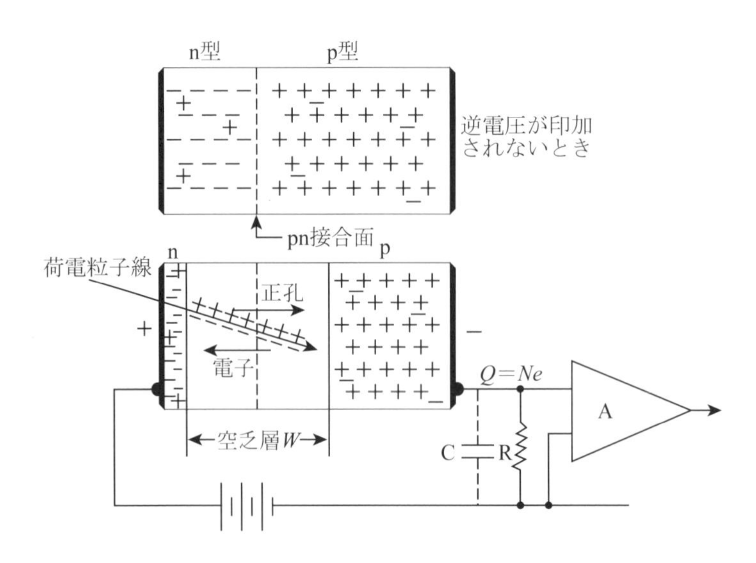

図 3.17　半導体検出器の測定原理

半導体中で 1 イオン対生成するのに必要な平均エネルギー W は，シリコンでは約 3.7 eV，ゲルマニウムでは約 3.0 eV と，気体の 1/10 程度のエネルギーでキャリアが生成されるため，非常に高感度な検出器となる。また，気体に比べて密度も高いため荷電粒子の阻止能が大きく，小型のもので十分検出能力を発揮する。さらに空乏層でのキャリア移動速度は気体中とあまり変らず，しかも正孔の移動は荷電交換により行われるため，移動速度は電子の速度に近くなり，検出器の分解時間はおよそ 10^{-8} s 程度と非常に短い。これらから半導体検出器はエネルギー分解能が良好であり，分解時間が短く，かつ高い検出効率を示す検出器となる。

3.4.2　半導体ダイオード検出器

半導体ダイオード検出器は，製法の違いから，pn 接合型，表面障壁型，Li ドリフト型，高純度型がある（図 2.5 参照）。

pn 接合型は高純度の p 型シリコンの表面にリンのような不純物を拡散させることによって，薄い n 型層を作る。また同様な方法で n 型シリコンにガリウム等を拡散させると pn 接合型ができる。pn 接合型の空乏層は 3～4 mm であり，中高エネルギー β 線の計測に限られる。その他，低エネルギー β 線や重荷電粒子線および X，γ 線の計測は困難である。

表面障壁型は n 型シリコンの表面を酸化によって p 型とし，その表面にニッケル，金などの金属を薄く蒸着して電極としたものである。これは放射線の入射面が極めて薄いため，α 線や重荷電粒子線の計測に適している。これら二つの型は，いずれも空乏層が大きくとれず，2 mm 程度が限度であり，この距離はおよそ 1.2 MeV 電子線，17 MeV の陽子線，90 MeV の α 線の飛程に相当するため，荷電粒子の計測に限定される。

Li ドリフト型（PIN 型）は pn 接合部にリチウムイオンを拡散させることによって，厚い有

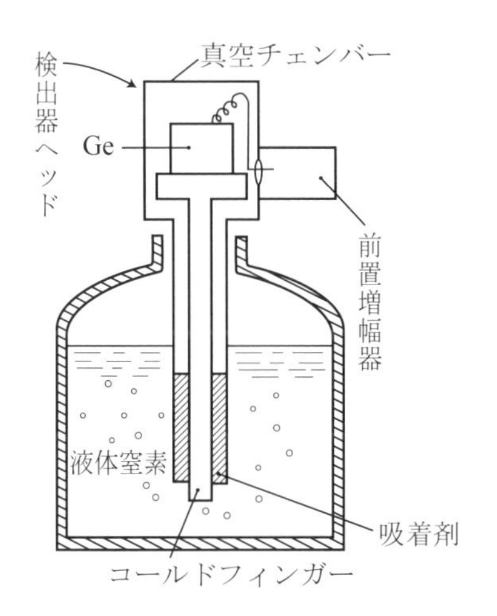

図 3.18 Ge(Li) 半導体検出器の構造

図 3.19 Ge(Li)半導体検出器の外観

感層を持つものである。これは Si と Ge の両者に適用でき，Si(Li)検出器と Ge(Li)検出器ができる。その結果，Si(Li)で 5 mm まで，Ge(Li)の場合 12 mm 程度までの厚い i 層（真性領域）が作れる。真性領域の厚さは不純物濃度と印加電圧に依存し，不純物濃度が小さいほど厚いものが作れ，印加電圧を増すと空乏層の厚さは増加する。したがって，これらの検出器は X 線，γ 線のエネルギースペクトルが高分解能で計測できる。しかし，両者共に液体窒素温度(－195.8℃)で検出器を冷却しなければならない不便さがある。使用時の冷却は漏れ電流による雑音を減少させてエネルギー分解能を増すことにあるが，Ge(Li)は保存時にも冷却しておかないと，Li イオンの拡散により特性が著しく劣下して使用できなくなる。図 3.18 及び図 3.19 に Ge(Li)検出器の外観と構造を示すが，容器の上部に装着された検出器の先端には，Ge(Li)素子が窓無しの状態で配置され，その後部には，前置増幅器が置かれている。検出器下の容器には液体窒素が充てんされ，コールドフィンガーを通して検出器を低温に保ち検出器の雑音を低くするなどの働きをしている。

3.4.3 高純度ゲルマニウム検出器

高純度型は保存時に冷却する必要はないが，漏れ電流減少のために使用時には冷却する必要がある。現在では X，γ 線のエネルギースペクトル計測には Li ドリフト型よりも，このような高純度型(HP 型)が使用されている。Si，Ge を用いた Li ドリフト型並びに高純度型半導体検出器は液体窒素による冷却という不便さが，いつもつきまとうため，室温で保存と使用ができる検出器の開発が待たれている。

3.4.4 その他の半導体検出器

半導体性能の一つにバンドギャップエネルギーがある。これは荷電子帯と伝導帯のエネルギー差のことであり，そのエネルギー差を超えたエネルギーの放射線が入射した場合にイオンの遷移が起こる。半導体検出器において，このバンドギャップエネルギーが小さいものはエネルギー分解能が高く，それゆえに冷却が必要となる。バンドギャップエネルギーが大きければ常温での使用が可能になる。シリコンのバンドギャップエネルギーは約 1.1 eV，ゲルマニウムは約 0.7 eV である。

CdTe 検出器は，バンドギャップエネルギーが約 1.5 eV であり，冷却が不要な検出器として用いられている。しかし，CdTe 中で放射線によって生じたイオンのうち正孔の移動速度が小さく，電荷収集効率が低下しエネルギー分解能が劣化する。この対策のためペルチェ素子で CdTe 検出器を冷却することがある。さらに CdTe 検出器に Zn を含有させた CdZnTe(CZT) 検出器が開発され，そのバンドギャップエネルギーは約 1.6 eV となった。図 3.20 は CdZnTe 検出器の構造を示すが，－30℃程度の電子冷却（ペルチエ効果による）で検出部を冷却するため，検出部は極めて小型にでき，液体窒素のような大きなタンクは不要であるため，簡便に使用することができる。エネルギー分解能は Si，Ge には劣るが，NaI(Tl) シンチレーション検出器に比べると，はるかに良好である。

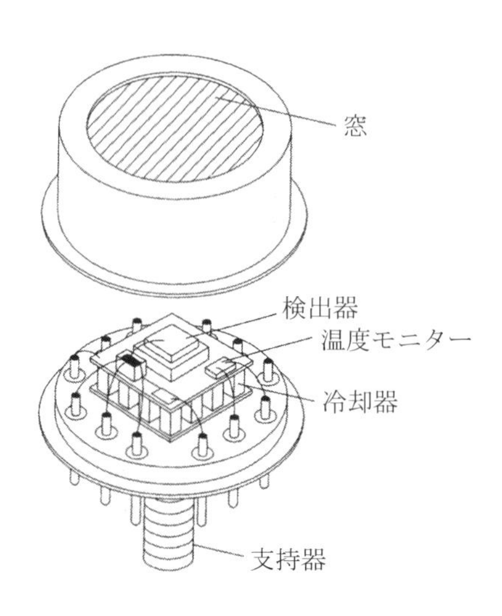

図 3.20 CdZnTe(CZT) 検出器の構造

HgI_2 検出器は，バンドギャップエネルギーが約 2.1 eV と高く，常温での使用においても吸収断面積が大きく阻止能も高い。そして，高密度であることから小型化が可能となり，検出効率も高い。

MOSFET（Metal-Oxide-Semiconductor Field-Effect Transistor）検出器は半導体の一種であり，受感部が極めて小型である特徴があり，放射線治療領域で使われることがある。図 3.21 に計測原理を示すが，まず FET（電界効果型トランジスタ）の動作原理を図（a）に示す。n 型半

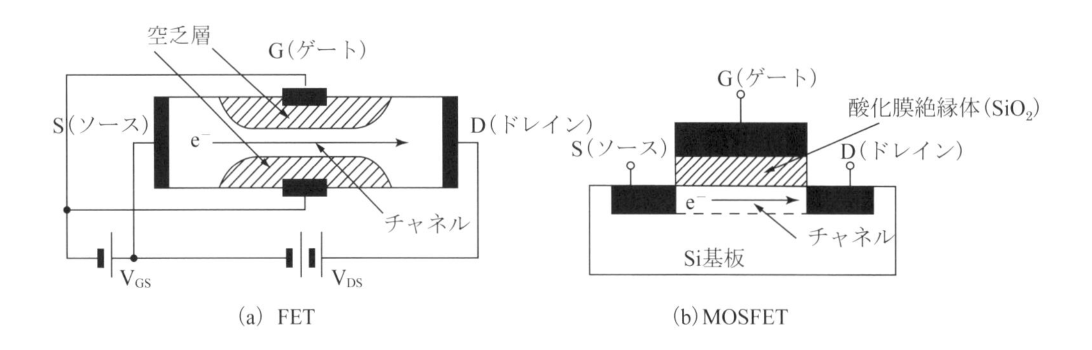

図 3.21 FET，MOSFET の動作原理

導体の中央に p 型半導体からなるゲート（G）を設ける。また電子流の供給源側をソース（S）と呼び，出力側をドレイン（D）という。S，G 間に逆電圧 V_{GS} を引加すると，斜線で示したような空乏層ができ，ここには電子は通れない領域である。しかし，その中間に形成されるチャネルと呼ばれる領域は電子が通過できる。空乏層の大きさは逆電圧 V_{GS} により変わるため，チャネルの大きさも変わり，入力電圧に相当する V_{GS} の変化により S から D に流れる出力の電子流制御ができる。このようなトランジスタを FET という。さらに入力インピーダンスを高くするために，図 (b) に示すようにゲート G とチャネルとの間に酸化膜絶縁体 (SiO_2) を介在させたものが，MOS 型（Metal-Oxide-Semiconductor）FET である。したがって，チャネルとゲート間には全く電流が流れないため，ゲートに入力電圧を加えるとゲートには電荷が蓄積された状態になり，この電荷が一定のしきい値を超えるとソースからドレインに電流が流れるようになる。このような MOSFET に放射線照射をすると，素子への放射線吸収線量に比例して，このしきい値が変化する性質がある。しきい値が変化するとソース，ドレイン電流も変わるため，ソース，ドレイン電流の変化から放射線線量を観測することができる。したがって，このような性質を利用して放射線線量の計測ができる。これが MOSFET 線量計である。この線量計は有感体積が 1 mm^3 程度，若しくはこれ以下（0.2×0.2 mm）にもできるため，位置分解能に極めてすぐれた特性がある。また方向特性にもすぐれ，入射角 360 度に対して±2%以内程度である。また X 線，電子線ともに共通して使用できるため，一般の放射線治療領域はもちろんのこと定位放射線治療や IMRT 治療でも有用な計測器として使用される。

【例題】 半導体について正しいものには○をつけ，誤っているものには×をつけよ。

（　）1. 半導体の結晶中では電子の位置エネルギーが高くなるため，電子は自由に移動できる。

（　）2. pn 接合半導体に，逆電圧を印加すると空乏層が広がる。

（　）3. 電子・正孔対が気体の W 値の約 1/2 で作られる。

（　）4. Ge(Li) ドリフト型は使用時のみ冷却が必要である。

（　）5. GM 計数管に比べて分解時間が短い。

【解答】 ○…2，5

1. 半導体結晶中では電子の位置エネルギーが低くなる。
3. 気体の W 値の約 1/10 である。
4. 常に冷却が必要である。

3.5 比例計数管

3.5.1 構造と計数率特性

計数管の形はGM計数管のようにガスを封入して使うものの他に，計数管の中へ1気圧より多少高い圧力でガスを流しながら動作させるガスフロー計数管（gas flow counter）がよく用いられ，これには図3.22に示す4π型と半球のみで計測する2π型がある。いずれも試料を直接計数管内に入れて計測するため，低エネルギーβ線（^{3}H，^{14}C等）やα線の計測に適している。また，幾何学的補正や入射窓，空気層による吸収補正も不必要であるから，放射性試料の絶対計測には最適な計数管である。2πガスフロー計数管の外観を図3.23に示す。計数率持性は図3.24に示すように，$\alpha+\beta$試料を計測すると，印加電圧とともに，まずαプラトーが現れ，ついで$\alpha+\beta$プラトーがみられる。これは比例計数管の場合，一次電離に比例した出力

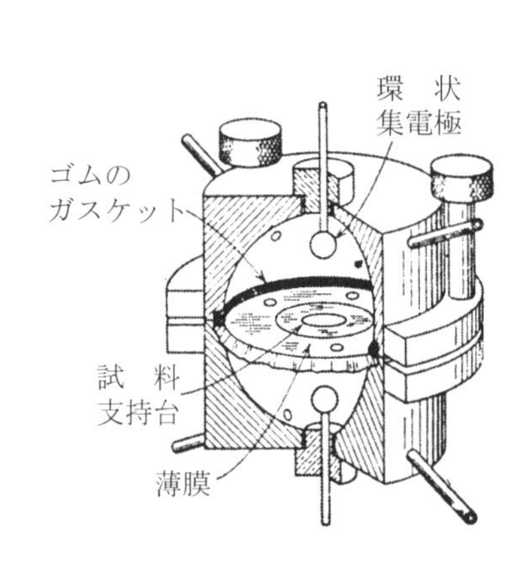

図3.22　β線絶対測定用4πガスフロー計数管
（プライス，放射線計測）

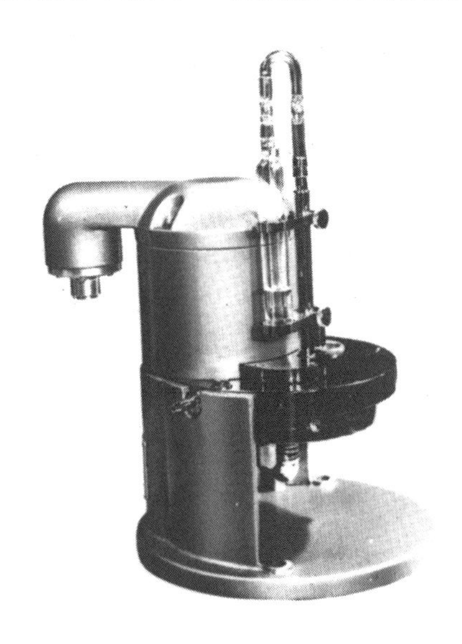

図3.23　2πガスフロー計数管の外観

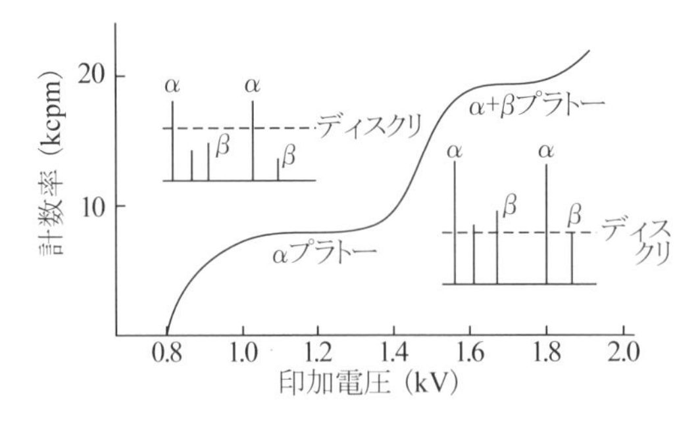

図3.24　比例計数管の計数率特性

パルスが得られるため，α 線の比電離は β 線よりもはるかに大きく，α 線の大きな出力パルスが低い印加電圧でまず現れる。この時点では β 線のパルス高は小さいため，計数されない。さらに印加電圧を増すと β 線も大きくガス増幅され，α 線とともに β 線も計数され始め，$\alpha+\beta$ プラトーを作る。この現象を利用すると，$\alpha\beta$ 混合試料であっても α 線のみや β 線のみの分離計数をすることが可能となる。

比例計数管の特性として，分解時間は数 μs でありGM計数管に比べて短く，約 1/100 程度である。これは，一次電離の起こった近くでの電子なだれに限局されイオンの移動が速やかに終わるためである。検出感度は電離箱よりも良好であるがエネルギー分解能は悪く，電圧変動や陽極表面の不均一性が原因である。

【例題】 比例計数管について正しいものには○をつけ，誤っているものには×をつけよ。

( ) 1. ガスフロー型計数管は幾何学的効率が悪い。

( ) 2. 分解時間は，GM計数管に比べて短い。

( ) 3. 使用電圧は電離箱より低い。

( ) 4. 検出感度は電離箱より良い。

( ) 5. エネルギー分析ができる。

【解答】 ○…2，4，5

1. 線源を管内部に入れるため幾何学的効率が良い。

3. 使用電圧は電離箱より高い。

3.6 GM 計 数 管

3.6.1 計 数 特 性

GM計数管への印加電圧と計数率との関係を調べると，アルコール消滅型では図 3.25 のよ

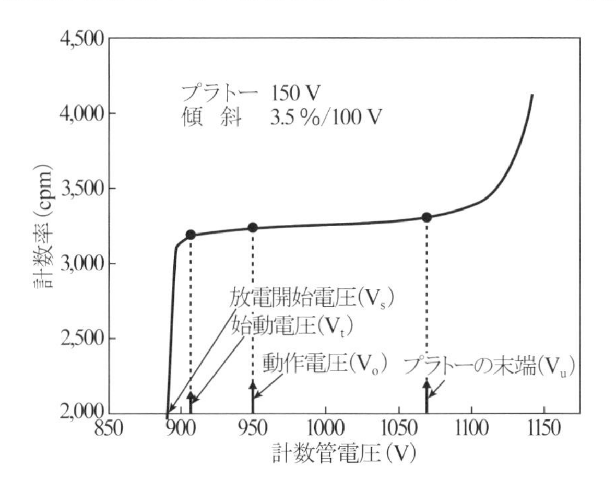

図 3.25 GM計数管の計数率特性

うになる。印加電圧が低いと，電子なだれを起こさず出力パルスは非常に小さいため，計数器は動作しない。電圧を更に増すと V_s で始めて GM 計数管は動作し，計数を始める。これを放電開始電圧（V_s）と呼ぶ。V_s を超えると計数は急に増加して一定計数率の領域に入る。これをプラトー（plateau）と呼び，V_t を始動電圧という。プラトーを超えると管内は完全に放電状態となり計数率は急激に増す。プラトーは若干の傾斜をもつが，これが平坦であるほど安定度が高いため，傾斜が小さく，プラトーの長いことが望ましい。一般には印加電圧 100 V あたりの計数率の変化率で 5%以下であれば良好とされている。使用する場合にはプラトーの下端より 1/3 程度を動作点に選ぶことが望ましく，あまり高い電圧を印加すると寿命を著しく縮める。一方，ハロゲン消滅型ではプラトー傾斜は大きく，JIS によると 100 V 当たり 14%以下と規定している。またプラトーの長さもアルコール消滅型より短い。

3.6.2 分 解 時 間

GM 計数管の出力パルスは，図 3.26 のような形となる。放射線の入射により一つのパルスが生まれると，芯線近傍には陽イオンが残留して電場を弱めるため，管電圧は放電開始電圧以下となり，次のパルスが生じない状態になる。しかし，電場は除々に回復して放電開始電圧まで回復したとき，始めてパルスを生じ始める。この間，全く GM 管は動作しないため，これを不感時間(dead time)τ_d と呼ぶ。不感時間を過ぎるとパルスは生成されるが，増幅器のバイアス電圧以下では計数器は動作しない。しかし，パルス電圧がこのレベルを超えると計数器は動作するため，それまでの時間を分解時間(resolving time)τ といって，GM 計数管では約 200～400 μs 程度である。したがってこの時間内に入った放射線は全て数え落されることになる。さらにパルスが出始めてから，電場の回復と共に，完全にもとの波高のパルスが生じるようになるまでの時間を回復時間(recovery time)τ_r と呼ぶ。強い放射能試料を計測するときには，分解時間内に入った放射線の数え落しの補正をしなければならない。分解時間を τ [s]，真の計数率を n_0 [cps]，GM 計数管の数えた計数率を n [cps]とし，放射線が一定時間間隔で入射したと仮定すると，1 秒間の数え落し数は $nn_0\tau$，したがって，真の計数率 n_0 は

$$n_0 = n + nn_0\tau,\quad n_0 = \frac{n}{1-n\tau} \tag{3.21}$$

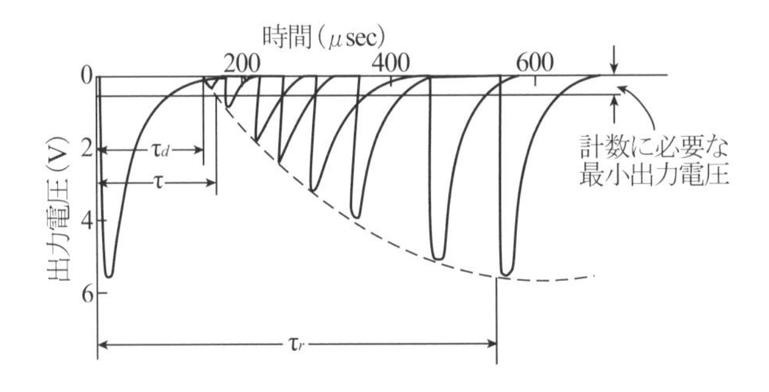

図 3.26 GM 計数管の出力パルス

そこで，数え落し率は，$n_0 n\tau / n_0 = n\tau$ となり，理論上の最大計数率は $1/\tau$ [cps]となる。この計数率以上になると計数できなくなる。このような現象を窒息現象と呼ぶ。

【例題】 GM 計数管について正しいものには○をつけ，誤っているものには×をつけよ。

( ) 1. 印加電圧は約 3000 V である。

( ) 2. アルゴンやヘリウムなどの不活性ガスを封入している。

( ) 3. 分解時間は約 200 ns である。

( ) 4. ガス増幅率が大きい。

( ) 5. プラトーの傾斜は約 5%/100 V 以下が望ましい。

【解答】 ○…2，4，5

1. 印加電圧は約 1000 V である。

3. 分解時間は約 200 μs である。

3.7 中性子検出器

中性子は非荷電粒子であるため直接電離作用を持たず，物質との相互作用はすべて原子核との反応である。したがって，原子核反応により生成した荷電粒子線の電離作用を利用して検出する方法が用いられている。中性子はそのエネルギーから低速中性子（熱中性子）と高速中性子に分けられ，それぞれ異なる相互作用から検出器を選択することになる。

3.7.1 低速中性子検出器

熱中性子（0.025 eV）と物質との相互作用のほとんどは捕獲反応であり，(n，α)や(n，p)なとの荷電粒子を放出する反応と(n，γ)のように電磁波を放出する反応がある。これらの核反応断面積は中性子の速度 v に反比例して大きくなり，$1/v$ 法則という。

1）BF_3 計数管

比例計数管の中に ^{10}B を含んだ濃縮 BF_3 ガスとアルゴンガスを充填し，^{10}B の捕獲反応[$^{10}B(n, \alpha)^7Li$]で放出された α 粒子と ^7Li 核の電離量を検出する方法で，これを BF_3 計数管と呼び，熱中性子の検出に最もよく使用されている。天然ホウ素中での ^{10}B の同位体存在比は 0.188 であるため，これを 96%程度まで濃縮したものも使用することにより検出効率を高めている。^{10}B の熱中性子捕獲断面積は 3,840 b である。

2）ホウ素内張（被覆）計数管

BF_3 ガスの代わりに固体の ^{10}B を比例計数管の内面に塗布したもので，比例計数管の封入ガスにはアルゴンやヘリウム等の希ガスを使用している。計数管に照射された熱中性子は管内に入り，^{10}B 被覆層で捕獲反応を起こし，放出された α 粒子と ^7Li 核の電離量を比例計数管として検出する方法である。

3）^{10}B 電流型電離箱

比例計数管は中性子フルエンスを直接計測できるが，中性子強度が大きくフルエンス率の大きい場合には，むしろ感度の悪い電離箱を用いて電離電流として検出する方法がある。電離気体は空気でよく，重荷電粒子の運動エネルギーの殆どは電離，励起エネルギーに消費されるので，電離気体の W 値が分かっていれば，電離電流から中性子の粒子フルエンスを計算することができる。

4）^{10}B 半導体検出器

重荷電粒子の検出に最も適した半導体検出器として表面障壁型がある。Si 表面障壁型半導体検出器の入射面に ^{10}B を塗布したり蒸着することによって，熱中性子の検出ができる。入射面の ^{10}B との捕獲反応で放出された α 粒子と ^{7}Li 核は Si 表面障壁型半導体検出器で効果的に検出ができる。これは比例計数管よりもすぐれた検出器である。

5）^{3}He 計数管

比例計数管の中に ^{3}He ガスを封入し，^{3}He(n，p)^{3}H を利用して反応生成物の p と H 核による電離を利用したものである。^{3}He は ^{10}B と比べて大きな反応断面積（5,330 b）を持ち，高圧においても比例計数管性能を保つため，加圧して検出効率を高くしている。

6）LiI(Eu)シンチレータ

^{6}Li を含むシンチレータに活性剤として Eu を微量加えた LiI(Eu)シンチレータにおいて，^{6}Li(n，α)^{3}H を利用したものである。熱中性子に対して高い検出効率を示すが，^{10}B と比べて反応断面積（940 b）は小さい。しかし，γ 線に対しても感度を示す特徴を持つ。LiI(Eu)結晶は，吸湿性が高いため密封容器を使用する。

7）^{157}Gd 半導体検出器

^{157}Gd の熱中性子捕獲断面積は 255,000 b であり，自然界には約 15.7%の割合で存在している。この断面積では，数 μm の厚みでほとんどの熱中性子が反応することになる。^{157}Gd と中性子の反応後は，γ 線（80 keV，89 keV，182 keV）と内部転換電子（72 keV）が放出される。この ^{157}Gd 薄膜を付した CdTe 半導体検出器を用いて γ 線を検出することで熱中性子の測定が可能となる。

その他，^{157}Gd を用いた中性子検出器と輝尽性蛍光体に酸化カドミウムを添付した中性子イメージングプレートがある。

3.7.2　高速中性子検出器

高速中性子と物質との相互作用で最も代表的な反応は弾性散乱であり，散乱中性子と反跳核に運動エネルギーを分配し，原子核に励起状態が残らない。したがって，原子核の質量数が小さいほど中性子の失うエネルギーは大きくなり，一般に原子番号の小さい物質中の減弱が大きい。標的核を水素原子核とすると，中性子のエネルギーのほとんどは陽子の運動エネルギーに伝達されることになる。この陽子を反跳陽子と呼び，これの電離量を計測することにより速中性子の検出ができる。標的となる含水素物質としては，気体としては水素ガスをそのまま用い，固体の場合にはパラフィンやポリエチレンが好適である。

1）反跳陽子計数管

水素ガスや水素原子を多く含んだメタン（CH_4）ガスなどを直接に比例計数管の中に封入し，これらの水素原子から放出された反跳陽子を検出する計数管を反跳陽子計数管という。また，計数管の内壁をポリエチレンで作ることによって，効果的に反跳陽子を放出させる工夫をした計数管を，ハースト型比例計数管と呼び，速中性子検出器としてよく用いられる。

2）反跳陽子シンチレータ

アントラセンやスチルベンなどの有機シンチレータは水素原子を多く含んでいるため，反跳陽子の好適な標的になると共に，それ自身が蛍光体であるから壁などで吸収されることなく効果的な検出ができる。また，ZnS(Ag)シンチレータが陽子や重荷電粒子の検出に適していることを利用して，これに含水素物質であるルサイトを混合することにより，ルサイトから放出された反跳陽子をZnS(Ag)で発光させる工夫により，円筒形シンチレータを作った。これをホニャックボタンと呼んでいる。

3）電離箱

中性子フルエンス率が大きい場合には，比例計数管を用いるよりも電離箱による電離電流を直接計測する方法が用いられる。この場合，壁材をポリエチレンなどの含水素物質で作ると共に，電離気体にも水素ガスや含水素系ガスを用いる。また，空洞の大きさは反跳陽子の飛程に比べて十分に小さくする必要がある。

4）半導体検出器

Si表面障壁型半導体検出器の入射面に，含水素物質であるポリエチレンの薄膜をおき，反跳陽子放出のラジエータとして使用することにより，反跳陽子はSi表面障壁型で効果的な検出ができる。

5）ロングカウンタ

高速中性子を減速させるためにBF_3計数管の周りを，水素を多く含んだパラフィンのような物質で取り囲むことによって，高速中性子を熱中性子に減速する。そして，薄い鉄板や酸化ホウ素(B_2O_3)で挟んで感度の均一化を計った。このような中性子検出器をロングカウンタ（long counter）と呼んでいる。ロングカウンタの一例を図3.27に示す。これはBF_3計数管の周囲をパラフィン層で覆い，右側の中性子入射面には8個の穴をあけて，散乱によって逃げる中性子を少

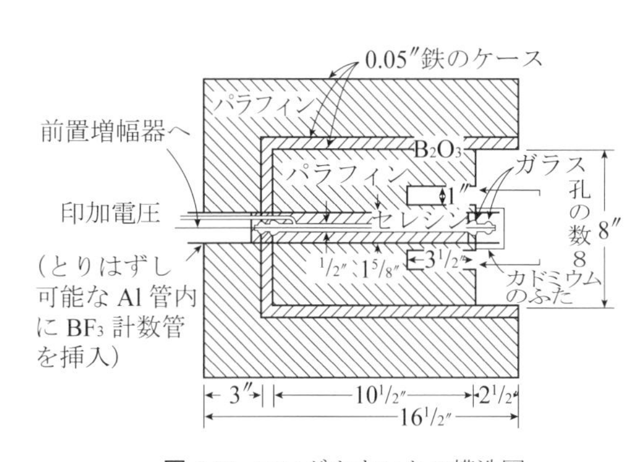

図3.27　ロングカウンタの構造図

なくするようにしている。遅い中性子は比較的前面で減速され，熱中性子となるが，高速中性子はパラフィンの奥深く入り込んで減速され，感度の均一化を計っている。さらに外側のB_2O_3層及びパラフィン層は側面から入射する，バックグラウンドに相当するような中性子を遮へいするのが目的である。このような配慮をすることによって図 3.28 に示すように約 10 keV から 5 MeV 程度までの広いエネルギー領域の中性子に対して，エネルギー依存性の小さい特性を得ることができ，この領域が非常に広いという意味からロングカウンタと呼ばれている。

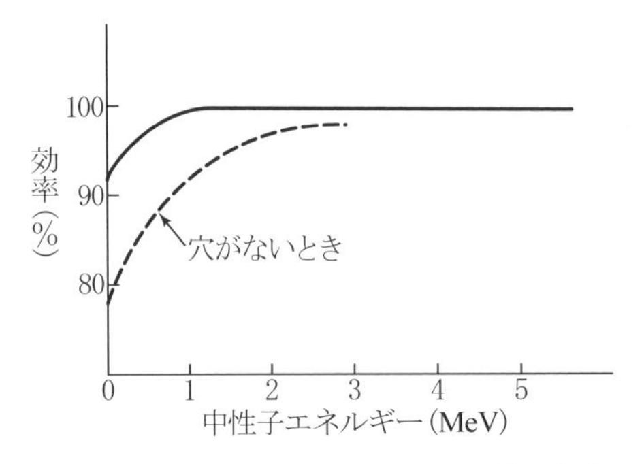

図 3.28 ロングカウンタのエネルギー特性

【例題】 中性子線の計測について，正しければ○，誤りであれば×をつけよ。

(　) 1. 放射化法では，放射化断面積が大きいことが条件となる。

(　) 2. BF_3計数管は，$^{10}B(n, p)^7Li$ を利用している。

(　) 3. ロングカウンタは，計測可能なエネルギー範囲が広い。

(　) 4. ^3He 計数管は，比例計数管の中に ^3He ガスを封入したものであり，高速中性子の計測に適する。

(　) 5. 核分裂計数管は，核反応生成物によるパルスを計測する。

【解答】 ○…1，3，5

2. $^{10}B(n,\ \alpha)^7Li$

4. 熱中性子の計測に適する。

3.8 その他の検出器

3.8.1 化 学 線 量 計

物質に放射線を照射すると，物質を構成する原子，分子がまず電離，励起され，同時に起こるラジカルの発生などを通じて，物質は化学変化を受ける。この化学変化の一つである酸化・還元反応を計測し，その物質への吸収線量を計測しようとするのが，化学線量計（chemical dosimeter）である。その条件として反応物と生成物の濃度に依存しないことや生成物が安定で再現性が良いことが上げられる。また，線質や線量率に依存せず，化学分析が簡単なことも重要である。

1）フリッケ線量計

Fe^{2+}（第一鉄イオン）が Fe^{3+}（第二鉄イオン）に酸化される反応を利用した鉄線量計である。10^{-4} モル程度の硫酸第1鉄水溶液（$FeSO_4 7H_2O$）に硫酸（H_2SO_4）を加えて 0.8 N（規定）の硫酸酸性液とする。この溶液に放射線照射をすると，液中の Fe^{2+} イオンは次のような反応により Fe^{3+} イオンに酸化される。

$$H_2O \rightarrow H_2O^+ + e^- + H_2O^*$$
$$H_2O^* \rightarrow H + OH$$
$$Fe^{2+} + OH \rightarrow Fe^{3+} + OH^-$$
$$H + O_2 \rightarrow HO_2$$
$$Fe^{2+} + HO_2 \rightarrow Fe^{3+} + HO_2^-$$
$$HO_2^- + H^+ \rightarrow H_2O_2$$
$$Fe^{2+} + H_2O_2 \rightarrow Fe^{3+} + OH^- + OH$$

H_2O^*は励起水分子であり，これが放射線分解され OH によって1個，H によって3個，H_2O_2 によって2個の Fe^{2+}が酸化され Fe^{3+}となる。そこで Fe^{3+}の量を分光光度計で計測して，溶液への放射線吸収線量を求めることができる。一般に化学線量計の収率を表わすのに G 値（G-value）が用いられる。これは 100 eV の放射線吸収エネルギー当りの反応原子，分子数で表わされてきたが，〔$mol\ J^{-1}$〕によって表わす場合もある。

表 3.6　フリッケ線量計の G 値

放射線	$G\ (Fe^{3+})$ / $mol\ J^{-1}$	$G'\ (Fe^{3+})$ / $(100\ eV)^{-1}$
^{137}Cs γ線	$1.59 \pm 0.03 \times 10^{-6}$	15.3 ± 0.3
2 MV X 線	$1.60 \pm 0.03 \times 10^{-6}$	15.4 ± 0.3
^{60}Co γ線	$1.61 \pm 0.02 \times 10^{-6}$	15.5 ± 0.2
4～35 MV X 線	$1.61 \pm 0.03 \times 10^{-6}$	15.5 ± 0.3
1～30 MeV 電子線	$1.61 \pm 0.03 \times 10^{-6}$	15.5 ± 0.3

（ICRU Report 34）

表 3.6 に X，γ線に対するフリッケ線量計の G 値を両者の単位系で示すが，単位の換算は次式を用いればよい。

$$G[mol\ J^{-1}] = 1.036 \times 10^{-7} G'[(100\ eV)^{-1}] \quad (3.22)$$

$$G'[(100\ eV)^{-1}] = 9.65 \times 10^{6} G[mol\ J^{-1}] \quad (3.23)$$

そこで，G 値が既知量となれば次式からフリッケ溶液の吸収線量 D が計算できる。

$$D[\mathrm{Gy}]=\frac{\Delta C[\mathrm{mol/m^3}]}{G[\mathrm{mol/J}]\cdot\rho[\mathrm{kg/m^3}]}\quad[\mathrm{J/kg}] \tag{3.24}$$

$$D[\mathrm{Gy}]=\frac{C_2-C_1}{\varepsilon_t\cdot d}\cdot\frac{1}{G\cdot\rho}\,[\mathrm{J/kg}] \tag{3.25}$$

ただし，ρ はフリッケ溶液の密度であり，標準溶液では 1024［$\mathrm{kg\cdot m^{-3}}$］が採用される。また，ΔC は Fe^{3+} の生成イオン濃度である。そして，C_1 は放射線照射前の吸光度，C_2 は照射後の吸光度，d は分光光度計セルの光透過方向の長さ，そして ε は Fe^{3+} に対する分子吸光係数で，これは温度特性があるため次式で補正するとよい。

$$\varepsilon_t=\varepsilon_{25}\,[1+0.007(t-25)] \tag{3.26}$$

ただし，ε_t は t℃での分子吸光係数であり，ε_{25} は 25℃での分子吸光係数を示し，$\varepsilon_{25}=219.6$［$\mathrm{m^2\,mol^{-1}}$］が推奨されている。

フリッケ線量計の特性としては，約 2×10^6 Gy/s まで線量率と応答との関係が直線的であり，線量率特性はほとんどないことがあげられる。計測範囲は 30～350 Gy であり，広範囲のエネルギーに対応している。

2）セリウム線量計

Ce^{4+} が Ce^{3+} に還元される反応を利用したものである。硫酸第二セリウム $Ce(NH_4)_4(SO_4)_4$ の水溶液に硫酸（H_2SO_4）を加えて 0.8 N の硫酸酸性液とする。この溶液に放射線照射をすると，液中の Ce^{4+} イオンは次のような反応により Ce^{3+} イオンに還元される。

$$H_2O \rightarrow H_2O^+ + e^- + H_2O^*$$
$$H_2O^* \rightarrow H + OH$$
$$H + O_2 \rightarrow HO_2$$
$$Ce^{4+} + H \rightarrow Ce^{3+} + H^+$$
$$Ce^{4+} + HO_2 \rightarrow Ce^{3+} + H^+ + O_2$$
$$Ce^{3+} + OH \rightarrow Ce^{4+} + OH^-$$
$$Ce^{4+} + H_2O_2 \rightarrow Ce^{3+} + H^+ + HO_2$$

H_2O^* は励起水分子であり，これが放射線分解され OH によって 1 個，H によって 1 個，H_2O_2 によって 2 個の Ce^{4+} が還元され Ce^{3+} となる。セリウム線量計の特性としては，溶存酸素の影響をうけないことである。計測範囲は 10^2～10^5 Gy であり大線量の計測か可能である。

【例題】 ^{60}Co 近くに硫酸鉄（Ⅱ）化学線量計（容積 10 ml）を 10 時間置いたとき，1.0×10^{-7}［mol］の鉄（Ⅱ）イオンが酸化された。硫酸鉄（Ⅱ）溶液の比重を 1.025，鉄（Ⅱ）の酸化反応の G 値を 15.6 とすれば硫酸鉄（Ⅱ）溶液 1 リットル当たりに吸収されたエネルギー［eV］，線量率［Gy/h］はいくらか。

【解答】 エネルギーを E，酸化された鉄の原子数を N とすると，

$$E=\frac{100\times N}{15.6}=\frac{100\times 1.0\times 10^{-7}\times 6.02\times 10^{23}}{15.6}=3.86\times 10^{17}$$

したがって1リットルあたりに吸収されたエネルギーは

$$3.86\times 10^{17}\times\frac{1000}{10}=3.86\times 10^{19}[\mathrm{eV/10\,h}]$$

線量率は

$$\frac{3.86\times 10^{19}\times 1.6\times 10^{-19}}{1.025\times 10}=0.603[\mathrm{Gy/h}]$$

3.8.2 フ　ィ　ル　ム

フィルムは，放射線照射によって生じる光学濃度を計測し，二次元の線量解析を行うことが可能な線量計である。相対計測として，フィルム濃度と放射線量の関係を明確にしておく必要があり，解析システムの保守管理が重要である。ラジオグラフィックフィルム（Radiographic Film; RGF）とラジオクロミックフィルム（Radiochromic Film; RCF）に大別され，表3.7に両者の比較を示す。

表3.7　ラジオグラフィックフィルムとラジオクロミックフィルムの比較
（出典：外部放射線治療における水吸収線量の標準計測法[通商産業研究社]）

	ラジオグラフィックフィルム（RGF）	ラジオクロミックフィルム（RCF）
反応原理	ハロゲン化銀の還元作用	放射線感受性単量体の ラジオクロミック反応
現像処理	必要	不要
明室での使用	不可能	可能
エネルギー特性	大きい	小さい
コスト/枚	安い	高い
水中使用	基本的に不可能	可能
空間分解能	高い	高い
スキャン特性	ある	ある

1）ラジオグラフィックフィルム（Radiographic Film; RGF）

現像処理を必要とするフィルムであり，古くから用いられていた。ハロゲン化銀をフィルムに塗布したものであり，AgBrにおいてBr-イオンから電子を得た銀原子が蓄積されることによる黒化が原理である。フィルム乳剤中の銀原子の原子番号が人体組織の実効原子番号より大きいため，エネルギー依存性が大きくなっている。それは，深部線量計測時でも出現し，深部ほど低エネルギー成分が多くなるため，フィルム黒化度が上昇する。フィルムを用いての線量計測では，フィルムをファントムに挟んで実施することが多いが，その圧着によって方向特性が現れることがある。また，フィルムに対して放射線の垂直と平行入射によっても濃度に差が生じることがある。現像処理では，現像液の濃度と温度，現像時間の影響が大きく，その他，機器的な不具合に対する精度管理が必要となる。

２）ラジオクロミックフィルム（Radiochromic Film; RCF）

現像処理を必要としないフィルムであり，明室での作業が可能である。フィルム組成は炭素や水素であり，実効原子番号は 6.8〜7.0 と人体軟部組織に近い。エネルギー特性も小さく，現在では多く使用されるようになった。しかし，照射後の濃度生成は遅く，低感度フィルムでは 24 時間程度必要であり，高感度フィルムでも飽和状態となるには約 6 時間を要する。濃度の読取りについては吸光度に従い約 640nm の波長に合わせるが，フィルムごとに異なるため使用状況により基本特性を明確にしておく必要がある。

【例題】 線量計測に用いるフィルムについて正しいものには○をつけ，誤っているものには×をつけよ。

（　）1. ラジオグラフィックフィルムのエネルギー依存性は大きい。

（　）2. ラジオグラフィックフィルムの空間分解能は低い。

（　）3. ラジオクロミックフィルムの実効原子番号は人体に近い。

（　）4. ラジオクロミックフィルムは現像処理が必要である。

（　）5. ラジオクロミックフィルムは，濃度生成のビルドアップがある。

【解答】 ○…1，3，5

2. 空間分解能は高い。

4. 現像処理は必要ない。

3.8.3 霧　箱，泡　箱

１）霧箱（cloud chamber）

水蒸気やアルコールなどの蒸気が過飽和の状態であるとき，放射線が入射すると気体分子のイオン化と共に霧滴が生成する。これを肉眼で放射線の飛跡として見るようにしたものが霧箱である。拡散型霧箱と膨張型霧箱に大別される。拡散型霧箱はドライアイスや液体窒素で冷却し，その温度勾配から過飽和状態を作る。内部のアルコールが蒸発し霧滴が生成され，放射線の飛跡として観測される。持続時間が比較的長く，連続的に観測できる利点がある。膨張型霧箱はピストンなどで箱内の気体を膨張させ，温度が下がることで過飽和状態となる。しかし，膨張型は膨張させた時のみに飛跡の観測が可能であり，計測準備に時間を要することが欠点である。

２）泡箱（bubble chamber）

密閉した容器の中に，イソブタン，プロパンなどの液体を閉じ込め，圧力をかけて，沸騰を抑えながら沸点より高い温度に保っておく。粒子線の入射直前に減圧すると，液は過熱状態になり不安定状態となる。放射線入射により起こる核反応により，液体が泡として観測される。その後，沸騰を避けるために再度圧力を加える。泡箱は霧箱より密度が高く，高エネルギー粒子線の検出が可能である。

3.8.4 固体飛跡検出器

絶縁物質表面に粒子線が生成した飛跡をエッチング処理などで観測可能とした検出器である。飛跡が現れる物質として，無機物質として雲母やアパタイトなどの鉱物，リン酸塩などのガラスがあり，有機物質としてポリカーボネートやセルロースなどの樹脂がある。たとえば，セルローズアセテート膜に α 粒子を照射し，それを苛性ソーダでエッチング処理すると，放射線の通路に沿って，円形のエッチピットができ，飛跡の観測が可能となる。代表的な検出器として CR-39（アリル･ジグリコール･カーボネイト）がある。検出できる粒子線は陽子よりも重い重荷電粒子であり，中性子は核反応で生成した粒子線を間接的に計測することで検出できる。このように高 LET 放射線の検出を行うものであるため，X 線や γ 線の検出はできない。

3.8.5 チェレンコフ検出器

荷電粒子が屈折率 n の媒質中を通過するとき，荷電粒子の速度 v が媒質中での光速度 c/n（c は真空中での光速度）を超えることは可能であり，$v>c/n$ の条件が満足されたとき，位相のそろった新しい光を放射する。これがチェレンコフ光である。チェレンコフ光の放射角 θ と荷電粒子の速度 v との間には，$\cos\theta=c/nv$ の関係があり，放射角 θ の計測から荷電粒子の速度 v，つまり荷電粒子のエネルギーを算出することが可能となる。$v=c/n$ を満足する荷電粒子エネルギーを臨界エネルギーと呼ぶが，水を媒質としたときの電子線に対する臨界エネルギーは約 250 keV であり，電子加速装置から発生する電子線でチェレンコフ光を観測することは十分に可能である。チェレンコフ光の発光時間は ps 単位であり，シンチレーション光（ns 単位）よりも 1/1000 程度である。このことから時間分解能の高い検出器といえる。

3.8.6 熱量計（カロリーメータ）

放射線は物質と種々の相互作用を行い，最後にはほとんどのエネルギーは熱エネルギーとして消費される。熱量計（calorimeter）はこの作用を利用して，物質の温度上昇を計測することによって，物質の吸収エネルギー[Gy]あるいはエネルギーフルエンス[J／m^2]を絶対計測するものである。しかし，放射線による温度上昇はごくわずかであり，水に 1 Gy の放射線吸収エネルギーがあった場合の水の温度上昇を計算してみると，1 cal＝4.2 J であるから

$$1[\mathrm{Gy}]=1[\mathrm{J}/\mathrm{kg}]=10^{-3}[\mathrm{J}/\mathrm{g}]=2.4\times10^{-4}[\mathrm{cal}/\mathrm{g}] \tag{3.27}$$

水の比熱から算出すると，この熱量は 2.4×10^{-4}℃の温度上昇となる。このようにカロリーメータは，僅かの温度上昇を検出する必要があり，外界と厳重に熱絶縁する必要がある。このため吸収物質の周囲を真空にしたり，熱絶縁物で覆ったり，さらには周囲の物質を吸収体温度と同程度に加熱することによって熱平衡を保ち，熱の散逸を避ける方法などが用いられる。

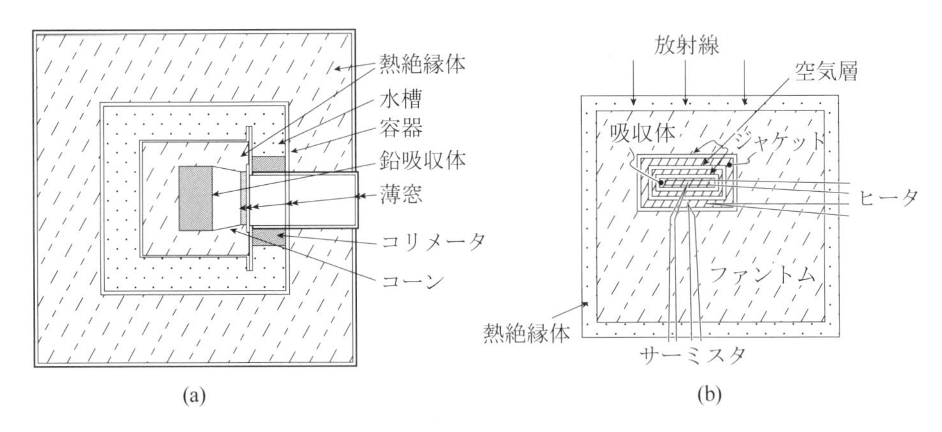

図 3.29 カロリーメータの原理と構造

熱量計の一例を図 3.29 に示す。(a)は ^{137}Cs γ 線のエネルギーフルエンスを計測するために設計されたものであり，(b)はファントム中の吸収エネルギーを計測するためのものである。(b)の場合はジャケットを用いて，荷電粒子平衡を保つと同時に，この中にも加熱用ヒータとサーミスタを埋め込んで，ヒータによって既知量の電気エネルギーを吸収体に与えたときの温度を検出し，吸収エネルギーの校正を行う。

【例題】 カロリーメータについて正しいものには○をつけ，誤っているものには×をつけよ。

( ) 1. カロリーメータは吸収線量の相対計測器である。

( ) 2. 水に 1 Gy の放射線吸収エネルギーがあった場合の水の温度上昇は，約 2.4×10^{-4}℃である。

( ) 3. 検出部は外部と熱絶縁をする必要がある。

( ) 4. 加熱ヒータは温度の平衡状態を保つものである。

( ) 5. サーミスタは小さな温度変化を検出できる。

【解答】 ○…2，3，5

1. 絶対計測器である。
4. 既知量の電気エネルギーによる温度を検出し，吸収エネルギーの校正を行うものである。

3.8.7 ゲル線量計

化学線量計の一種として，ゲル線量計と呼ばれている線量計がある。このカテゴリに属する線量計は，個々の化学反応のプロセスは多種多様であるが，線量分布の三次元的な構造をそのまま情報として保持できるという性質から，次世代の線量計として期待が持たれているものである。

ゲル線量計には，放射線がポリマーに照射された際の重合反応を利用するタイプのものがあり，ポリマーゲル線量計と呼ばれている。代表的なものは，MAG 系ゲル線量計と PAG 系ゲル線量計である。どちらも，線量が大きければ，目視ではっきり確認できるレベルで線量付与された場所が白濁する。この重合箇所を，MRI 装置などで撮像し，T2 緩和時間と付与線量が比例関係にあることから，三次元線量分布を推定することができる。医療用には，BANG ゲルと呼ばれるものが商用化されている。

近年は，色素ゲル線量計と呼ばれる，放射線感受性色素を利用した線量計が注目を集めている。色素ゲル線量計は，線量付与部分に透明に色が付くことが特徴的で，光学 CT による読み取りも含めて，盛んに研究が行われている。

3.8.8 アラニン線量計

アミノ酸の一種であるアラニン（$CH_3CH(COOH)NH_2$）とパラフィンを混合させた素子は放射線照射による吸収線量に比例してフリーラジカルを生成する。これを電子スピン共鳴装置（ESR）にてラジカル量を測定することで吸収線量が算出できる。特徴として，線量測定範囲が $1 \sim 10^5$ Gy と広く，測定精度が高いこと（$< \pm 1\%$）であり，組成が人体組織に近いことが上げられる。これにより放射線治療における組織の吸収線量測定に用いられている。しかし，低線量域では生成されるフリーラジカル量も少なく，ESR 値も小さいことから注意が必要である。これには，未照射のアラニン素子によるバックグラウンドを測定することで精度を保つようにする。また，測定器である ESR 装置の精度管理および感度校正を十分に行う必要もある。エネルギー特性について，5 MeV 以上の高エネルギーX 線では感度が徐々に低くなる傾向があり，電子線については，どのエネルギーにおいても感度変化は認められない。

演 習 問 題

3-1　照射線量について，正しいものはどれか。二つ選べ。

1　空気でなくても使用できる。

2　二次電子の制動放射による寄与も含む。

3　二次電子を生ずる媒質とエネルギーを失う媒質は異なる方が良い。

4　X線，電子線のみに適用され，しかも数 keV～数 MeV に限定される。

5　照射線量とは，単位質量の空気中で光子によって生じた全電子が空気中で完全に静止するまでに生じた正負いずれかのイオンの全電荷である。

3-2　自由空気電離箱について，正しいものはどれか。二つ選べ。

1　温度気圧補正が必要である。

2　極性効果を考慮する必要がない。

3　保護電極は高圧電極と同じ平面に置く。

4　300 kV 程度のエックス線の照射線量の絶対計測ができる。

5　集電極と高圧電極との間隔は二次電子の飛程以上とする。

3-3　電離箱について，正しいものはどれか。二つ選べ。

1　電離箱が小さいほど感度は低い。

2　外挿電離箱の平行平板形電極間隔は可変である。

3　電離箱内は安定な窒素ガスが封入されていること。

4　シャロー形電離箱は，深部の吸収線量の計測に用いられる。

5　ファーマ形電離箱の実効中心は，半径 r とすると $0.4 \cdot r$ 線源側である。

3-4　電離箱線量計のイオン再結合補正係数について，正しいものはどれか。二つ選べ。

1　イオン収集効率と比例する。

2　発生する電離密度に依存する。

3　ファーマ形とシャロー形も同じである。

4　電極間電圧を変えて求めることができる。

5　連続放射線とパルス放射線とで同じである。

3-5　シンチレーション検出器について，正しいものはどれか。二つ選べ。

1　発光現象を利用した検出器である。

2　有機シンチレータの発光機構は原子の電離による。

3　無機結晶に活性化物質を加えて，可視光の放出確率を高める。

4　電子が捕獲中心から活性化中心の励起準位に下がるときに発光する。

5　シンチレータの蛍光効率が高いほど，高エネルギー放射線の計測に適する。

3-6　半導体検出器について，正しいものはどれか。二つ選べ。

1　検出効率が低い。

2　エネルギー分解能は良い。

3　表面障壁型は，X，γ線の計測に適する。

4　n型半導体は，正孔によって電荷が運ばれる。

5　ゲルマニウム(Ge)はシリコン(Si)より高原子番号であるためγ線の検出に適している。

3-7　比例計数管について，正しいものはどれか。二つ選べ。

1　管内では光電子が発生する。

2　管内は空気で満たされている。

3　α粒子とβ粒子の分離計測ができる。

4　2π ガスフロー計数管では窓による吸収補正が必要である。

5　入射放射線によって生成した電子は，気体分子をイオン化し二次電子を作る。

3-8　GM計数管について，正しいものはどれか。二つ選べ。

1　使用気体はQガスである。

2　エネルギー分析が可能である。

3　持続放電を続けることで計測が可能となる。

4　分解時間内に入射した放射線はすべて数え落とされる。

5　分解時間の逆数以下の計数率を持つ放射線によって窒息現象を起こす。

3-9　中性子線について，正しいものはどれか。二つ選べ。

1　速中性子は，約10 cm厚の鉛で囲ったBF_3比例計数管で計測できる。

2　中性子の計測では，荷電粒子放出反応として(n，γ)反応が重要である。

3　ZnS(Ag)と$^{10}BO_2$をプラスチックに混入させると中性子の検出ができる。

4　BF_3計数管の核反応断面積は中性子の$1/v$法則に従うので，熱中性子の計測に適する。

5　中性子の弾性散乱では，反応する原子核の質量数が大きいほど中性子が失う運動エネルギーは大きい。

3-10　化学線量計について，正しいものはどれか。二つ選べ。

1　フリッケ線量計は感度が低い。

2　線エネルギー付与に依存する。

3　生成物に対する放射線の W 値が必要である。

4　セリウム線量計は，Ce^{3+} が Ce^{4+} になる反応を利用している。

5　化学線量計は，物質のイオン交換反応を利用するものである。

4．放射線エネルギーの測定技術

福島原発事故直後，土壌調査や食品の安全検査に使用されたのは，原子核の壊変によって生じる γ 線のエネルギー計測であった。γ 線は，透過力が強いので，他の放射線に比べ測定が比較的容易であり，γ 線のエネルギーを高い精度で計測することができれば，どのような核種がどの程度存在しているのかを推定することが可能になる。ここでは，このような放射線のエネルギー測定の技術について述べよう。

4.1　エネルギー計測の基礎

放射線のエネルギーを計測するには，エネルギーを反映するなにがしかの量を取り出さなければならない。もし，そういう量を引き出すことが原理的に困難であるとすると，エネルギー計測の可能性そのものが危うくなる。たとえば，β 線による内部被ばくの推定は困難であるが，これは β 線そのものが体外に出る前に吸収されてしまい，エネルギーを測ることが難しいからである。また，GM 計数管でエネルギーを測ることもできない。これは，GM 計数管で生じるパルスの波高が，放射線のエネルギーによって変化することがなく，したがって放射線のエネルギーに関して我々にどのような手がかりも残さないからである。

放射線のエネルギーを反映した量というのは，検出器の種類によって異なる。たとえば，シンチレータでは，シンチレーション光の光量が吸収エネルギーによって変化する。そこで，この光量を測ることができれば，どれだけのエネルギーが付与されたのかを逆に推定することができる。このような量を目視で定量的に測ることは困難を極めるので，機械を使って行う必要がある。そこで，エレクトロニクスの出番になる。たとえば，シンチレータの場合，光検出器によって光量はパルスの電圧に変換され，その電圧を自動的に階級にわけて計数することで，エネルギーの頻度分布，すなわち**エネルギースペクトル**を得る。

4.1.1　パルス波高分析

もう少し具体的に定式化してみよう。我々がやりたいことは，次々に計測されるパルスの波高を測り，その波高の頻度分布を作ることである。このような頻度分布は，読者も小学校で体験しているであろう。図 4.1 は，放射小学校計測組の児童の身長のデータである。このようなデータの分布をみたいと思った際には，単にデータの頻度を数え上げるだけではうまくいかない。なぜなら，測定の精度が高いほど同じデータが 2 度現れる確率は低いからである。これを無理矢理プロットすると図 4.1 のようになる。これではあまりに意味がつかめないので，連続量を区間に区切り，その区間に入ったものを足し上げていくことにする。いわゆるヒストグラムを作るわけである。このようにして作ったヒストグラムの例を図 4.2 に示

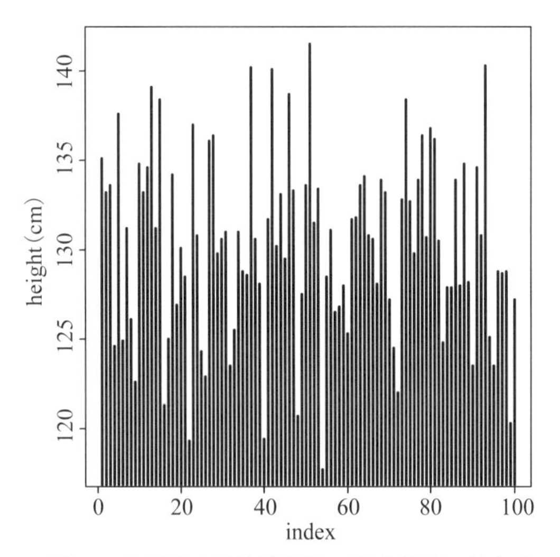

図 4.1　放射線小学校計測組の出席番号に対する身長のグラフ

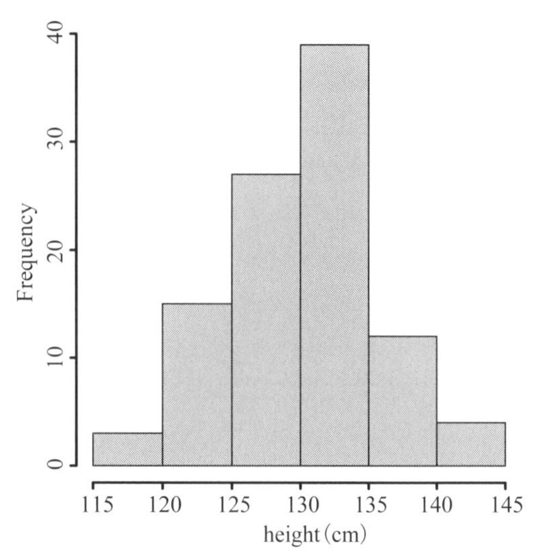

図 4.2　放射線小学校計測組の身長のヒストグラム

す。これをみると，このクラスは，身長 130 cm 前後のものが多く在籍しており，120 cm から 140 cm の間にほとんどの児童がいることが一目でわかる。

放射線の波高スペクトルの作成に対しても，まったく同様の手続きをすれば良い。この場合，身長に対応するものは，オシロスコープなどで見ることもできる，放射線のイベントに対応するパルスの波高である。パルスの波高測定の作業を目視でやっていては大変なので，パルス波高を自動的に計測してくれる装置があり，波高分析器と呼ばれている。この波高分析器を経た後のデータは，いわば身長の分布データのようなものであるから，このヒストグラムを作成する。これが波高スペクトルである。図 4.3 に，このようにして得られたエネルギースペクトルの一例を示す。この章では，こういったエネルギースペクトルの持つ意味と，生成過程を理解することを目的とする。

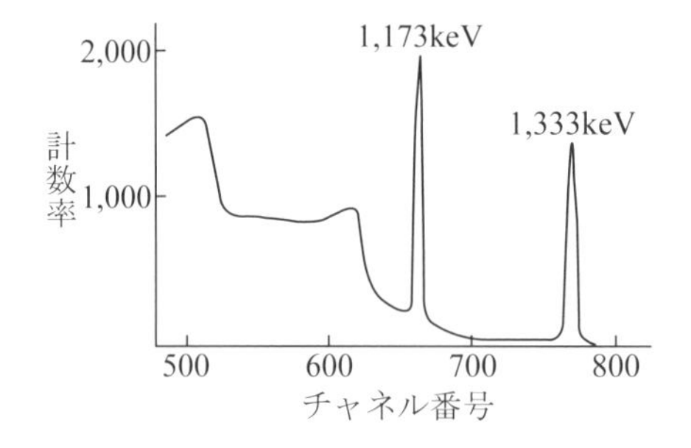

図 4.3　Ge 半導体検出器によるコバルトγ線のエネルギースペクトル

4.1.2　パルスの処理（読み出し回路）

ここではエネルギーの計測に用いられる計測器の回路構成および電子回路について簡単に述べることにする。

1）回路構成

シンチレーション検出器や半導体検出器の回路構成については図 3.14 に示した。検出器の次にくる前置増幅器（pre-amplifier）は常に検出器のごく近傍におき，微小電流パルスをあらかじめ増幅しておき，主増幅器とのインピーダンス整合を目的としている。この出力をケーブルで比例増幅器（linear amplifier）に導き，入力と出力関係の直線的増幅を行うと同時にパルスの波形整形も行う。エネルギー分析を必要とする場合には，この出力をシングルチャネルまたはマルチチャネル波高分析器によりパルス電圧の弁別を行い，計数器により計数率を測定するか，記録計によりエネルギー分布図を描かせる。

2）入力パルスの性質

放射線検出器の出力信号は検出器の種類や測定時の条件に左右されるが，電離箱で 10^{-4} V，比例計数管で 10^{-3}～10^{-2} V，GM 計数管で 10^{-1}～10 V，シンチレーション検出器で約 10^{-4}～1 V と非常に小さいものである。

出力波形は一般に図 4.4 のように急激な立上り部分と，ゆるやかな降下部分からなっていて，電離箱のような正負イオンを利用する形式のものでは，移動時間の違いから，最初は電子による立上りであり，その後は陽イオンによるものと考えられる。このような形になるのはシンチレーション検出器では，光の光電面への到達時間差，光電子増倍管内での二次電子走行時間差などが原因と考えられる。パルス幅はプラスチックシンチレータのように最も早いもので 2 ns 前後，GM 計数管では数 100 μs と大きくなる。

放射線強度が大きく，このようなパルスが多数連続して入ってくると，増幅器入力端では，図 4.5(a)に示すようにパルスの積重ね，すなわちパイルアップが起こるため微分回路により(b)図のようにパルス整形しないと，パルスの弁別ができず，計数装置として動作することができない。

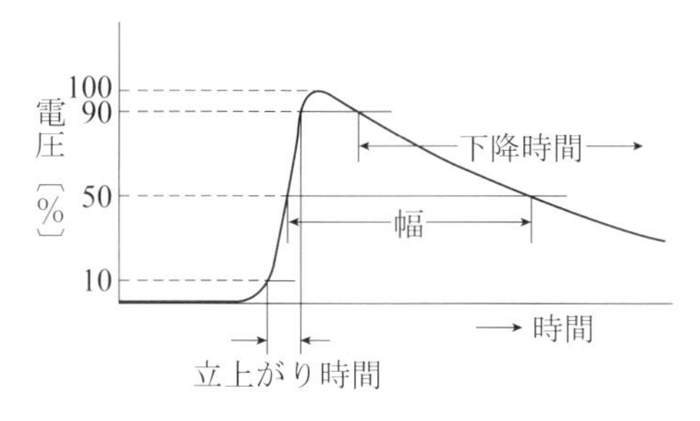

図 4.4　放射線検出器からの出力パルスの一般的な形

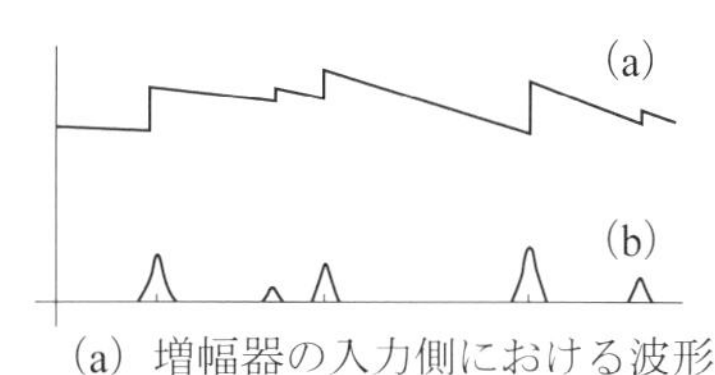

(a) 増幅器の入力側における波形
(b) パルス整形を行った後の波形

図 4.5　放射線検出器の出力パルスとパルス整形

3）前置増幅器

検出器からのパルスは微小な電荷であるため，検出器と増幅器はごく近傍に配置し，低インピーダンスの出力パルスに変換する必要がある。そのため前置増幅器は入力インピーダンスができるだけ高く，出力インピーダンスは低くなければならない。したがって初段には電界効果型トランジスタ(FET)などがよく使用される。

4）比例増幅器

前置増幅器でのインピーダンス整合により，低インピーダンスの出力パルスが長いケーブルを経て主増幅器（main amplifier）に送り込まれる。次段の波高分析器は，多くは数V程度の入力が要求されるため，主増幅器の役目は波形整形と振幅増大である。波形整形は波高分析を正確に行うため，矩形状の短パルスに変換することが必要である。一方増幅にあたっては低雑音であって直線的な増幅が必要で，つねに入力パルス電圧に比例した出力電圧が得られるように負帰還が用いられる。したがって主増幅器のことを比例増幅器または直線増幅器と呼ぶことが多い。

5）波高弁別器

入力パルスの中で，ある一定電圧以上のパルスのみを出力として取り出す回路を波高弁別回路と呼んでいる。

6）波高分析器

シングルチャネル波高分析器の原理は図4.6に示すように上限，下限2台の波高弁別器と反同時計数回路を組み合せたもので，上限弁別器 D_2 から出力はなく，下限弁別器 D_1 から出力があったときのみ，反同時計数回路から出力されるようになっている。したがって，入力パルス電圧が ΔV の間に入ったパルスのみが計数される。

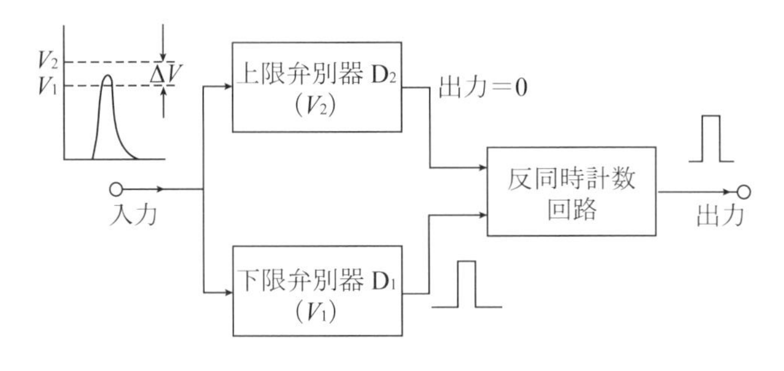

図4.6 波高弁別器の原理

4.2　光子のエネルギースペクトル計測

前節で得られた波高スペクトルは，検出器に付与されたエネルギーの頻度分布を示したものではあるが，これは，普通我々が知りたい情報そのものではない。たとえば，土壌に含まれる放射性核種の分布を知りたいときなど，おそらく読者が漠然と思い描くグラフは，下の図 4.7 のようなものであろう。ところが，実際にこのようなグラフが直に得られることは普通はない。たとえば，Cs の 662 keV の光子が NaI シンチレータに落ちた場合には，図 4.8 のような波高スペクトルが得られる。この図の解釈については，次の応答関数の項で述べることにする。

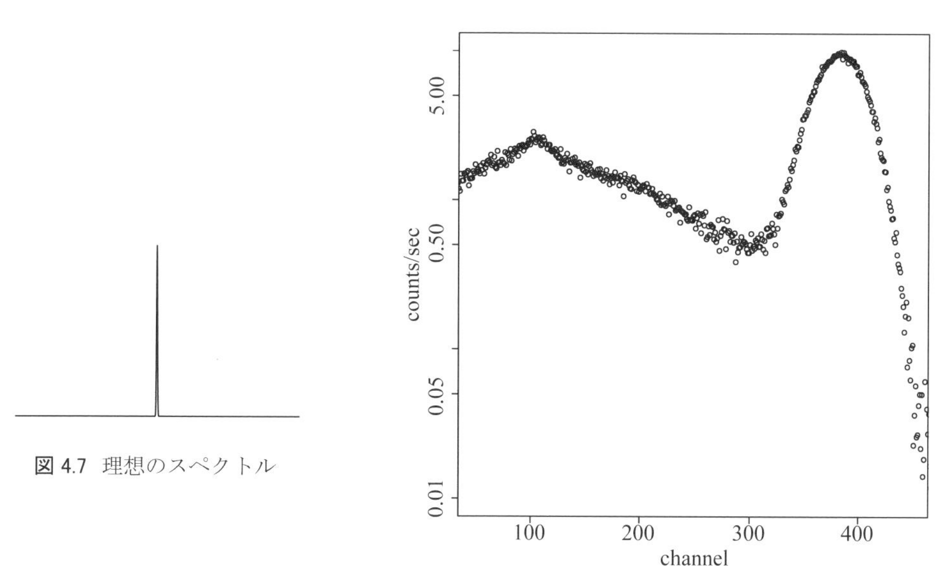

図 4.7 理想のスペクトル

図 4.8 NaI で測定した Cs の波高スペクトル

4.2.1 応 答 関 数

応答関数を理解するには，幾つかのシチュエーションにわけてみると理解しやすい。

最初に，光子がシンチレータ内で反応を起こし，その反応で生じたすべての電子や光子はすべてシンチレータ内で吸収されるという場合を考えてみよう。

光子がシンチレータに入射すると，光電効果，コンプトン散乱，電子対生成といった反応が起こる。各反応の様式については，1 章に述べた。

光電効果が起こると，光電子が放出され，光電子のエネルギーは，もともと光子の持っていたエネルギーから結合エネルギーを引いた分だけであるので，光電子がシンチレータ内で吸収されると，ほとんど光子の持っていたエネルギーを付与することになる。このイベントはエネルギースペクトルに全吸収ピークと呼ばれる構造を作る。

コンプトン散乱が起こると，光子は，一部のエネルギーを電子に受け渡し，自分自身は散乱前よりエネルギーの低い光子となる。このとき，反跳電子は荷電粒子であるので，全エネルギーをシンチレータにエネルギーを付与すると考えてよい。散乱光子は，シンチレータ内から一般的な状況では逃げることも多いが，今は，散乱光子も光電吸収などでシンチレータ内に吸収されるとしてみよう。すると，このときにシンチレータ内に付与されるエネルギーは，反跳電子のエネルギーと散乱光子のエネルギーの和となるから，結局もとのエネルギーと同じことになり，イベント全体として全吸収ピークに寄与する。

電子対生成が起こると，光子が消滅して，電子と陽電子のペアを生成する。ここでいう陽電子とは，電子の反粒子で，電子の電荷を＋にしたものと思えば良い。陽子とは全く別の粒子であるので混同しないように注意しよう。電子は，いつもと同じように電離，励起でシンチレータ内にエネルギーを付加するとする。一方，陽電子の方は，電離や励起も行うが，電子の反粒子ゆえの特殊な相互作用のモードが存在する。陽電子は，運動エネルギーが小さくなってくると，電子と対消滅を行う確率が大きくなり，ポジトロニウムを形成後，対消滅を行って，2 個の光子を放出する。このときの，2 個の光子のエネルギーと運動量については，第 1 章で述べたように，511 keV で反対向きである。この二つの光子は，生成過程から消滅光子と呼ばれることもあるが，物理で習ったように，光子はいったん出来てしまえば，出自を記憶するような量子数は持っていないので，たとえばエネルギー，運動量が同じ他の光子と区別することは原理的にできない。この光子が二つともシンチレータ内で光電吸収されるとしよう。すると，電子，陽電子の運動エネルギーと，消滅放射線のエネルギーの和は，最初にシンチレータに入射した光子のエネルギーと等しくなるから，この過程も全吸収ピークに寄与する。

考えてみれば当然のことではあるが，光電吸収，コンプトン散乱，電子対生成のどの反応が起こっても，反応生成物がどれもシンチレータ内で吸収されるなら，全吸収ピークに寄与することになる。したがって，理想的には，このような検出器で得られる波高スペクトルは，図 4.9 のようになる。すなわち，理想的な，光子のエネルギー検出器である。実はこのような理想的な検出器を作ることは大変困難で，このような波高スペクトルを得ることは現実的にはほとんどないが，理想的な検出器の状態をしっかり頭に描いておくことが，現実の波高スペクトルを理解する上で非常に重要であるから，しっかり押さえておこう。

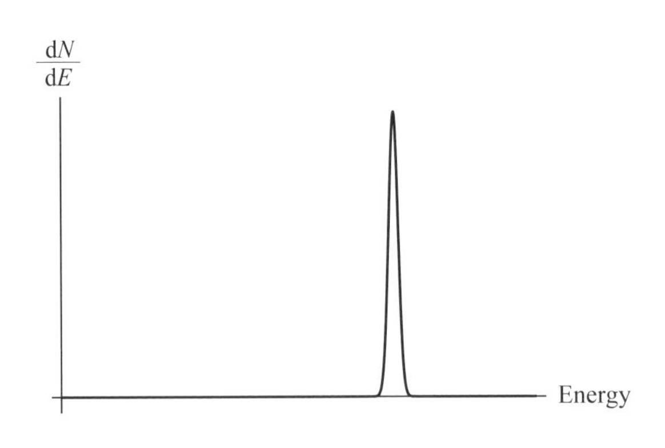

図 4.9 理想的な大型検出器のスペクトルのイメージ図

1）シンチレータから，散乱光子が逃げたり，消滅光子が抜け出したりする場合

先ほどの理想的な状況は，現実にはほとんど再現できず，反応で生じた光子がシンチレータの外に抜け出すことにより，状況が複雑になる。

コンプトン散乱がシンチレータ内で生じた場合，反跳電子がシンチレータにエネルギーを付与するので，波高スペクトルには，反跳電子のエネルギースペクトルが反映される。コンプトン散乱の原理のところで見たように，反跳電子のエネルギーは，散乱角度の関数となり，散乱角度は，図 4.10 に示すように連続的に分布するので，反跳電子のエネルギー分布も連続スペクトルを示す。この連続スペクトルをコンプトン連続部という。反跳電子の受け取る最小のエネルギーは，散乱角が 0 度，すなわち，光子が電子をかすめるような状況に対応する。反跳電子が最大のエネルギーを受け取るのは，光子との散乱角が 180 度の時である。このとき，電子は，次の式の計算される E_e の最大のエネルギーを持つ。

$$E_e = h\nu - h\nu'$$

$$h\nu' = \frac{h\nu}{1+\dfrac{h\nu(1-\cos\theta)}{m_e c^2}}$$

ここで注意しておきたいのは，この最大エネルギーは，入射光子のエネルギーよりも低いということである。このため，コンプトン連続部と全吸収ピークとの間には必ずギャップが生じる。もっとも，1 回目のコンプトン散乱での散乱光子が，もう一度シンチレータ内でコンプトン散乱を行うなら，2 回目の散乱の際の反跳電子のエネルギーも 1 回目の散乱のイベントとほとんど同時にシンチレータ内に付与される。そのため，1 回の散乱のみを考慮して考えたコンプトンエッジは，2 回目の反跳電子のエネルギー分すこし右側になだらかに崩れることになる。このように，多数回のコンプトン散乱を考えると，コンプトンエッジは，あ

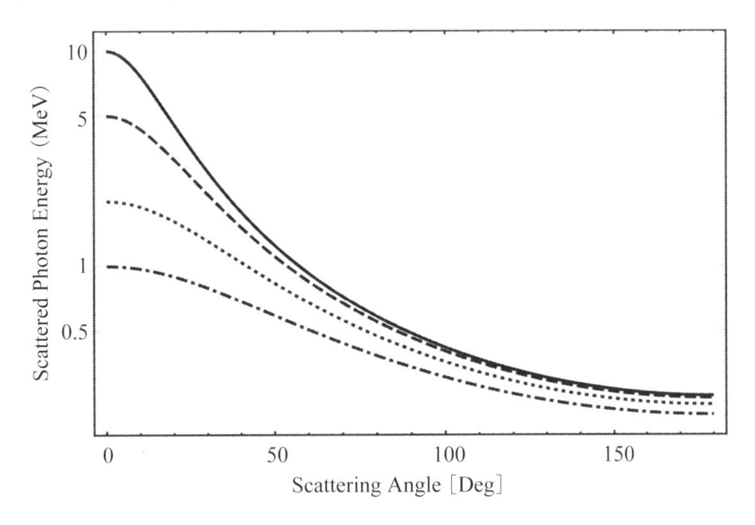

図 4.10 コンプトン散乱による光子のエネルギーの変化を散乱角度の関数として描いた図

まりはっきりしなくなってくる。

電子対生成で生じた消滅光子の一つがシンチレータの外に抜けだし，もう片方の光子が光電吸収などでシンチレータ内にエネルギーを付与したとすると，全体として入射粒子のエネルギーから抜け出した光子のエネルギーを差し引いた分がシンチレータ内に付与されることになる。消滅光子のエネルギーは（細かいことを考えなければ）511 keV という一定のエネルギーを持つ。したがって，消滅光子が 1 本逃げるか，2 本逃げるかに応じて，全吸収ピークよりも 511 keV，1022 keV だけ小さいエネルギーのところに，エスケープピークと呼ばれる波高スペクトルの構造を作る。

上で述べたことを考慮して，シンチレータから，散乱光子が逃げたり，消滅光子が抜け出したりする条件下で，単色の光子がシンチレータに入射した際に波高スペクトルがどのようになるのかを模式的に示すと図 4.11 のようになる。

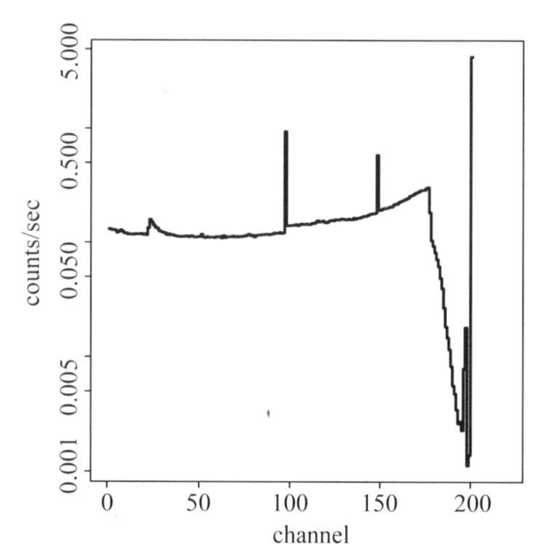

図 4.11 NaI 検出器の応答関数の例

【例題】 図 4.12 は ^{60}Co γ 線のエネルギースペクトル測定の結果である。エスケープピークを選べ。

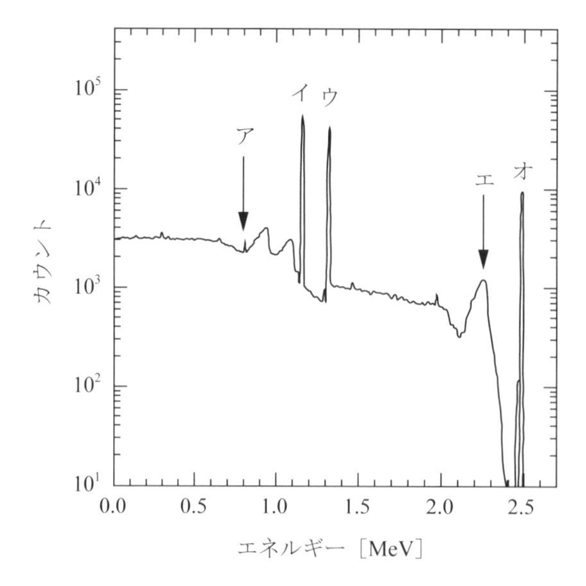

図 4.12 ^{60}Co のエネルギースペクトル

【解答】この問題を解くには，前提条件として ^{60}Co が 1.17 MeV と 1.33 MeV の γ 線を放出するという知識が必要である。この知識に照らし合わせれば，イとウのピークは，対応する全吸収ピークであることがすぐにわかるだろう。エスケープピークであれば，これらの全吸収ピークからちょうど 0.511 MeV だけ小さいか 1.022 MeV だけ小さい場所にあるはずなので，アが該当するピークとなる。オの 2.5 MeV のピークは，1.17 MeV と 1.33 MeV の γ 線のサムピークである。エは，①1.17 MeV の全吸収ピークと 1.33 MeV のコンプトンエッジのサムピークおよび②1.33 MeV の全吸収ピークと 1.17 MeV のコンプトンエッジのサムピークの 2 種類のピークの混合分布である。

2）周囲の物質からシンチレータにエネルギー付与がある場合

波高スペクトルを作り出すのは，周囲の物体からの散乱光子によるものも大きい。たとえば，シンチレータの周りが鉛で覆われていたとすると，シンチレータでは相互作用せずに通り抜けた光子が，鉛でコンプトン散乱し，散乱角が 180 度に近い状態で，再びシンチレータに入射して光電吸収されるというようなシナリオも考えられる。この場合，図 4.10 からもわかるように，散乱光子のエネルギーは，入射光子のエネルギーにあまり依存せず，200～300 keV 付近に集中する。したがって，このようなシナリオでシンチレータに吸収された光子は，200～300 keV に緩やかなピークを作ることになる。そこで，このピークのことを，**後方散乱ピーク**と呼ぶ。

【例題】3 MeV の γ 線を測定する場合に観測される後方散乱ピークのエネルギー（MeV）はどのくらいか。

【解答】後方散乱ピークのエネルギーを散乱角が 180 度の時の散乱光子のエネルギーとして，計算してみよう。

$$h\nu' = \frac{h\nu}{1+\dfrac{h\nu\,(1-\cos\theta)}{m_e c^2}} = \frac{3\mathrm{MeV}}{1+\dfrac{3\mathrm{MeV}(1-\cos\pi)}{0.511\mathrm{MeV}}} = 0.235\ \mathrm{MeV}$$

であり，図 4.10 を見ても，後方に散乱するならだいたいこの付近に収まっていることがわかる。

また，鉛で電子対生成が起こり，そのとき生じた陽電子によって，鉛から消滅放射線が生じることもありうるシナリオである。この場合，図のようなセットアップでは，消滅光子の片方が入りやすく，したがって，511 keV にピークが生じる。このピークを消滅ピークと呼ぶ。

【例題】1.37 及び 2.75 MeV の γ 線を放出する ^{24}Na のエネルギースペクトルを測定した結果 0.51 MeV にピークが観測された。このピークの生成要因として，どのようなものが考えられるか。

【解答】 周囲の物質で，光子が電子対生成を起こしたことによる消滅放射線の片方がスペクトロメータに入射した。

この節のまとめとして，図 4.13 に γ 線スペクトルの実例を示す。^{137}Cs は 0.662 MeV の γ 線を一崩壊で 1 本放出する最も単純な核種である。まず光電子による光電ピークが最も高く，その後に 0.48 MeV 以下に連続したコンプトン効果による反跳電子のパルスが見られる。そこで 0.48 MeV の肩の部分をコンプトンエッジと呼んでいる。その後の小さなピークは線源から反対方向に出た γ 線が後方散乱して，シンチレータに入射したもので，散乱角 180°の散乱 γ 線のみがシンチレータに入ると，このような一つのピークとして現れる。これを後方散乱ピークと呼ぶ。最後のピークは約 10%の内部転換が起こった後に発生する Ba の K 特性 X 線によるものである。

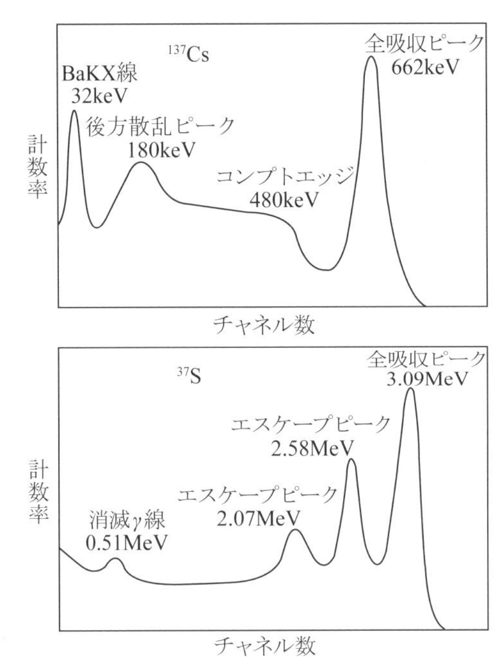

図 4.13 NaI シンチレーション検出器による ^{137}Cs，^{37}S の γ線エネルギースペクトル

次の例題で，今までに習ったことを復習してみよう。

【例題】 ^{24}Na は 1 壊変当たり 1.37 MeV および 2.75 MeV の γ 線をそれぞれ 100%及び 99.9%の割合で放出する。^{24}Na の γ 線スペクトルを NaI(Tl) シンチレーション検出器で測定したところ，次のような 5 本の顕著なピークが現れた。

A） 1.37 MeV γ 線の全エネルギー吸収ピーク

B）2.75 MeV γ 線の全エネルギー吸収ピーク

C）陽電子消滅放射線の全エネルギー吸収ピーク

D）2.75 MeV γ 線のシングルエスケープピーク

E）2.75 MeV γ 線のダブルエスケープピーク

上記の 5 本のピークをエネルギーの小さい順に並べよ。

【解答】 A－E のピークそれぞれのエネルギーを求めると，

A）エネルギーは 1.37 MeV

B）エネルギーは 2.75 MeV

C）エネルギーは 0.511 MeV

D）エネルギーは 2.75－0.511＝2.24 MeV

E）エネルギーは 2.75－0.511×2＝1.73 MeV

となる。したがって，C＜A＜E＜D＜B

4.2.2 エネルギー分解能

最初に分解能という言葉の意味を確認しておこう。分解能というのは，読んで字のごとく分解できる能力を表す。では，何を分解するのかと言えば，それは分解能の前に付いている単語で決まり，空間分解能といえば，空間を分解できる能力を表す。

その昔，古代アラビアでは，北斗七星にある二重星（ミザールとアルコル）をつかって視力検査を行っていたと伝えられている。視力の良い場合には二つに見える星が，視力が悪くなると，一つに見えてしまうのである。二つの点光源が近寄ったために一つに見えるときの

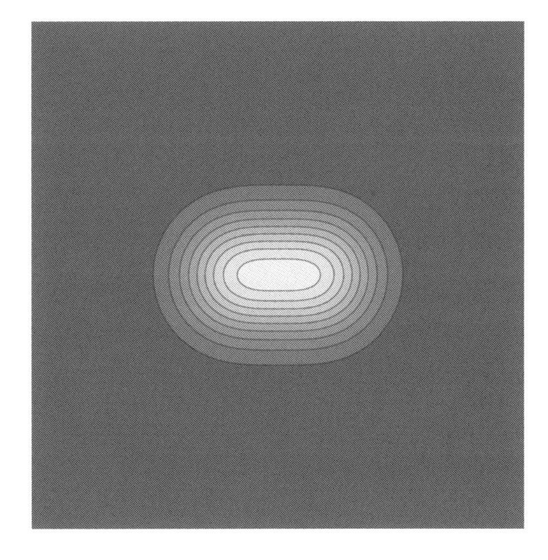

図 4.14 二つの釣り鐘状分布を持った点光源の図
ぼやけた一つの点光源に見える.

模式図が図 4.14 である。医学分野で言う視力が悪いというのは，工学的な観点からいえば，その人の目の空間分解能が悪いということに他ならない。

エネルギー分解能とは，図 4.15 の横軸をエネルギーの軸に変えたものを思えば良い。分解しやすいと言うことは，直感的に言えば，点応答関数の幅が狭いということである。たとえば，図 4.16 を見れば一目瞭然に，分解能と幅を関連づけたくなるだろう。そこで，定量的な表現に直すために，ピークの幅を図 4.17 のように**半値幅**を用いて定式化する。

「エネルギー分解能が良い」とは，半値幅の値が小さいことである。このことは注意しておこう。

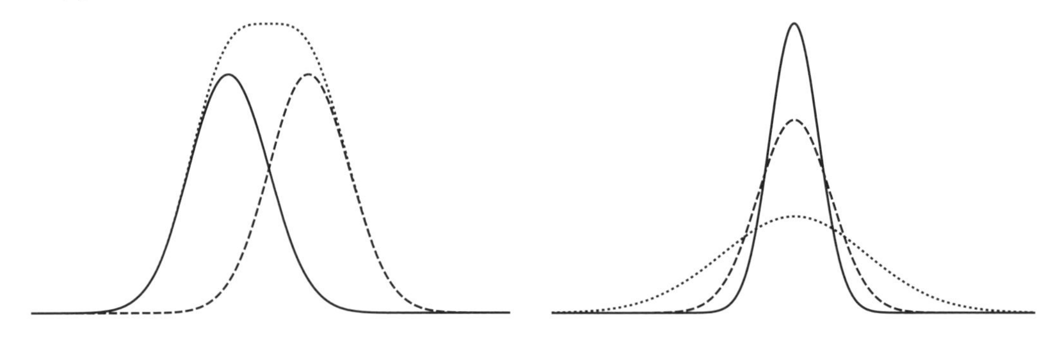

図 4.15 2 つの釣り鐘状分布の和が 1 つの山に見える例

図 4.16 異なる 3 つの分解能の例

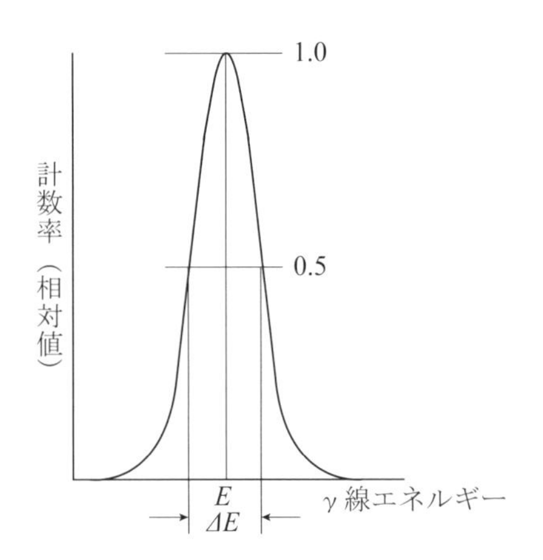

図 4.17 パルス信号の半値幅 (FWHM)

4.2.3　エネルギー校正

波高スペクトルはあくまで，横軸が波高であり，見ただけでは，実際のエネルギーがすぐにわからないので，横軸をエネルギーに変えるためにエネルギー校正の作業が必要になる。エネルギー校正の方法がどうあるべきかは，検出器ごとに異なる。というのは，検出器から出力されるある量がエネルギーを反映する量であったとしても，エネルギーと出力の関係が検出器ごとに異なるからである。この関係をグラフに表したものは，しばしばエネルギー校正曲線と呼ばれている。最も簡単なエネルギー校正の方法は，全吸収ピークに対応する波高と，全吸収ピークのエネルギーを一次関数で近似するものである。あらかじめエネルギーのわかっているRIを使用して，全吸収ピークの波高を測り，エネルギーと波高によって決まる点を複数個プロットした散布図の近似直線を描く。

【例題】 γ線スペクトロメトリにおいて，500 keVおよび1000 keVのγ線でエネルギー校正を実施したところ，それぞれ900および1900チャネルに光電ピークが観測された。次に，未知核種からのγ線を計測したところ，1300チャネルに光電ピークが現れた。未知核種から放出されたγ線のエネルギーの値[keV]はいくらか。ただし，このエネルギー領域において，測定系のエネルギー校正曲線は直線近似できるものとする。

【解答】 問題で与えられた条件は，図4.18のように表すことができる。この図は，横軸にチャネル，縦軸にエネルギーをとったもので，このグラフ上に与えられた条件をプロットすると，(900，500)，(1900，1000)の2点を結ぶ直線を求めて，1300チャネルに対応する縦軸の値を求めよという問題と等価になる。

2点間を結ぶ直線の式は，

$$y=\frac{1000-500}{1900-900}(x-900)+500=\frac{1}{2}x+50$$

であるから，xに1300を代入して，未知核種から放出されたγ線のエネルギーの値を700 keVと見積もることができる。

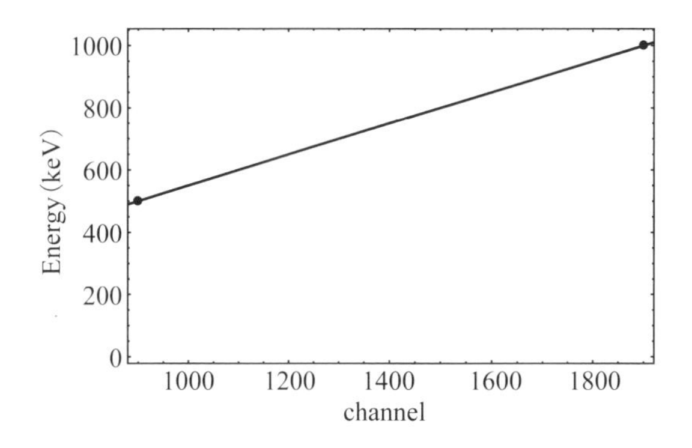

図4.18 この問題におけるエネルギー校正曲線

4.2.4 深部線量分布

医療用加速器の高エネルギーX線のエネルギー（線質）を深部線量曲線の形から評価する手法は，最も一般的な方法である。標準計測法12で決められた高エネルギーX線の線質表示法として，深部量百分率曲線から求められる$TPR_{20,\ 10}$の方法がある。これは水中20 cmでの

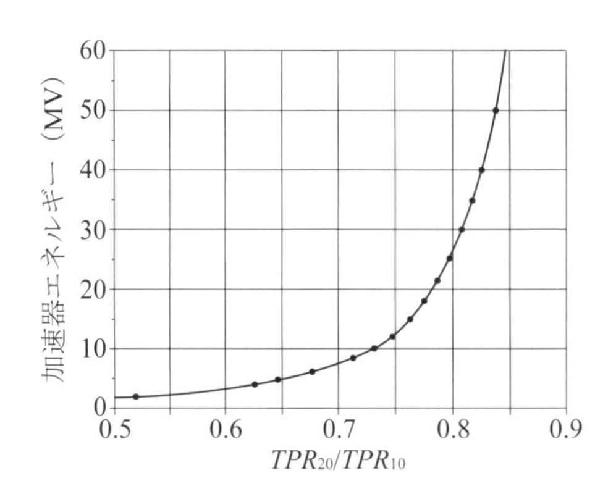

図 4.19 加速器のエネルギーと $TPR_{20,10}$ の関係

TPR（TPR_{20}）と水中 10 cm での TPR（TPR_{10}）との比，(TPR_{20}/TPR_{10})によって表す。この値は図 4.19 に示すように，X 線エネルギーの増加とともに大きくなり，高エネルギーX 線の線質評価法としては比較的簡便に広く利用できる方法として価値がある。

4.3　荷電粒子のエネルギー計測

4.3.1　高エネルギー電子線のエネルギー計測

現在，放射線治療の分野で使用されている電子加速装置のほとんどは，直線形電子加速装置（リニアック）であり，約 3～20 MeV 程度の電子線と X 線が生成されている。このような高速の電子線のエネルギーを計測する場合，加速器の電子エネルギーを直接に計測する方法と，飛程などから間接に評価する方法があるが，一般には後者が広く利用されている。

1）エネルギーの直接測定

チェレンコフ放射（2.2 節参照）を利用して，高速の電子のエネルギーを直接測定することが可能である。荷電粒子が屈折率 n の媒質中を通過するとき，荷電粒子の速度 v が媒質中での光速度 c/n（c は真空中での光速度）を超えること（$v>c/n$）があり，この時に位相のそろったチェレンコフ光を放射する。チェレンコフ光の放射角 θ と荷電粒子の速度 v との間には，$\cos\theta=c/nv$ の関係があるので，計測により放射角 θ の値が求まれば，それから荷電粒子の速度 v あるいはエネルギーを知ることができる（図 2.12）。$v=c/n$ を満足する荷電粒子のエネルギーは臨界エネルギーと呼ばれ，水を媒質としたときの電子線に対する臨界エネルギーは約 250 keV であるので，電子加速装置から発生する電子線でチェレンコフ光を観測することは十分可能である。ただし，微弱なチェレンコフ光の測定には高感度・高精度の測定装置を必要とし，一般には利用が困難である。

他にも，シンチレーション検出器の出力の波高分析や磁界による電子偏向等を利用して高速電子線のエネルギーを直接測定する方法等があるが，いずれも高度な技術や大掛かりな装置を有し，放射線診療の現場で用いるには適さないと言える。

2）エネルギーの間接計測（最大飛程や半価深等の利用）

物質中での電子線最大飛程を調べることにより，高エネルギー電子線のエネルギーを評価することができる。電子線の吸収を観るには一般に Al がよく用いられ，電子の最大飛程(R_0)と電子線エネルギー(E)の間には，Al に関して次の関係が成立することが分かっている。

$$R_0[\mathrm{cm}] = 0.246E \ (E : \mathrm{MeV}) \quad (4.1)$$

したがって，最大飛程 R_0 が正確に測定できれば，電子線のエネルギーを求めることができる。Al 吸収曲線の計測にあたっては，Al 吸収板の後部に空洞電離箱を配置して，吸収板の厚さに対する電離電流を順次測定して，図 4.20 のような吸収曲線を求める。この吸収曲線の直線部を延長して，バックグラウンドと交叉する点を見出すと，一応の最大飛程 R_0 が求められる。最大飛程をより正確に決定するために吸収曲線末端部の補正をする方法もある。R_0 が同定されれば，式（4.1）の関係から電子線のエネルギーを求めることができる。

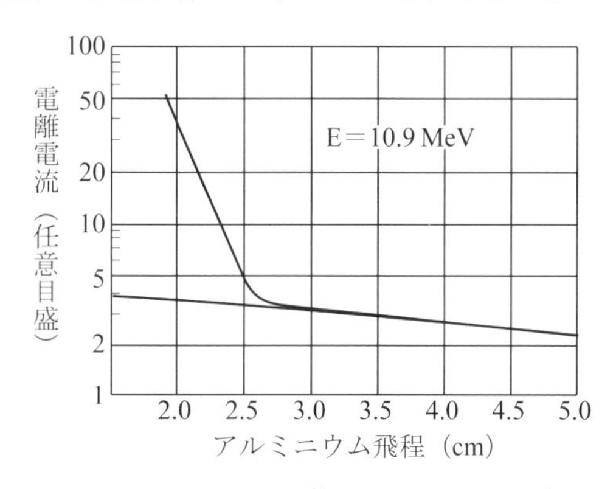

図 4.20 10.9 MeV 電子線の Al 中での吸収線量

線形加速器で生成される電子線を計測する場合，通常放射性同位元素から放出される β 線に比べて電子線の出力が非常に大きいため，検出器には空洞電離箱が適している。この場合，空洞電離箱の壁厚についても，Al 等価厚に換算して吸収曲線の補正をしなければならない。

この他，正確な電子線エネルギーは計測できないが，水中での電子線吸収曲線（深部線量分布）を求めることは，放射線治療上不可欠のものであると同時に，電子線エネルギーの概略値を知ることもできる。図 4.21 は 10, 20, 32 MeV 電子線の水中での深部線量分布であるが，水中での外挿飛程（R_p）と入射電子のエネルギーE_0〔MeV〕との間には次の関係がある。

$$R_p = 0.52 \cdot E_0 - 0.3[\mathrm{cm}], \quad 5 < E_0 < 50 \quad (4.2)$$

したがって，近似的に，MeV で表した電子線エネルギーのおよそ 2 分の 1 が水中での電子線最大飛程〔cm〕であると言える。

一方，標準計測法 12 で決められている電子線の線質表示法として，平均入射エネルギー E_0 がある。この平均入射エネルギーは，水中での深部線量が 1/2 になる深さ（深部量半価深）

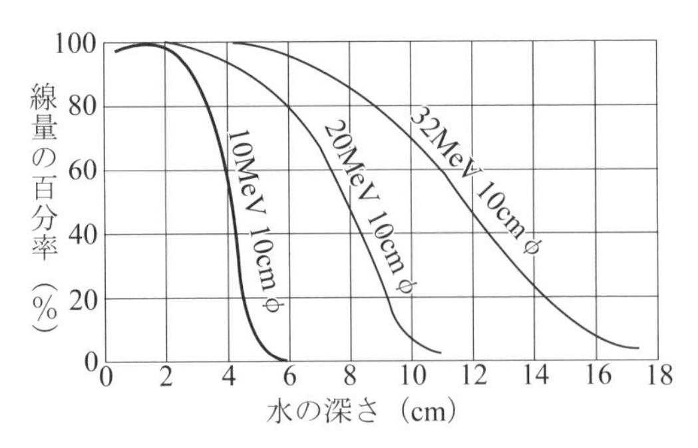

図 4.21 水中での電子線吸収線量

R_{50}と以下のような関係がある。

$$E_0[\mathrm{MeV}]=2.33\cdot R_{50}[\mathrm{g/cm^2}] \quad (4.3)$$

4.3.2 β線のエネルギー計測

放射性物質から放出されるβ線のエネルギーは全て，0から最大エネルギーまでの連続したエネルギー分布をもっている。したがって，磁界スペクトロメータやシンチレーション検出器によるエネルギースペクトルの計測の他に，物質中でのβ線吸収を利用して，簡便に最大エネルギーを推定する方法が一般によく用いられる。

1）吸収曲線によるβ線最大エネルギーの計測

一般に，吸収物質にはAlが用いられ，検出器にはβ線に感度の高いGM計数管が使用される。端窓型GM計数管の前に厚さの異なるAl吸収板を順次挿入し，線源からのβ線の計数率を測定し，図4.22のような吸収曲線を画く。電子の吸収は大略指数関数に従うため，縦軸には吸収板0のときの計数率n_0を100%として百分率の対数で目盛ると，ほぼ直線に近くなる。

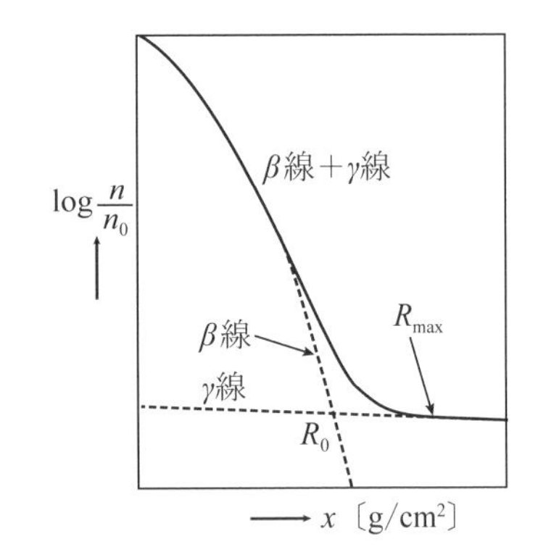

図 4.22 β線の吸収線量

吸収曲線は終端近くで急激に変曲するが，これは物質内での電子の多方向への散乱並びに制動放射によるもので，同じエネルギーのβ線が入射しても，その終端は一致しない。そこで一般には直線的部分の延長線とバックグラウンドレベル延長線の交叉した点，R_0を外挿飛程として求めることが多い。R_0はグラフ上で単に延長して決定してもよいが，より正確に求めるために次の二つの方法がある。

(1) フェザ法（Feather plot）これはβ線の吸収曲線は大抵の場合，その形は相似形であるという考えから，あらかじめ標準試料（^{32}P，RaE）の吸収曲線を正確に測定しておき，これと同じ条件で測定した未知試料の曲線を比較して求める方法である。

(2) ハーレイ法（Harley plot）これはフェザ法を簡略化したもので，標準試料Sと未知試料

X とを同一条件で吸収板測定をして，吸収板 n を用いたときの計数率 A_n と，無しのときの計数率 A_0 の比 $(A_n/A_0)_s$，$(A_n/A_0)_x$ を両対数方眼紙にプロットするとうまく一直線にのることを利用したものである。

以上のような方法により外挿飛程 R_0 が決定されると，図 4.23 のグラフによって直接に最大エネルギーを決定するか，次のような実験式を用いて決定する。

（イ）R_0〔g/cm^2〕$=0.407E_{max}^{1.38}$　　$0.15<E_{max}$〔MeV〕<0.8　　(4.4)

（ロ）R_0〔g/cm^2〕$=0.542E_{max}-0.133$　　$0.8<E_{max}<3$　　(4.5)

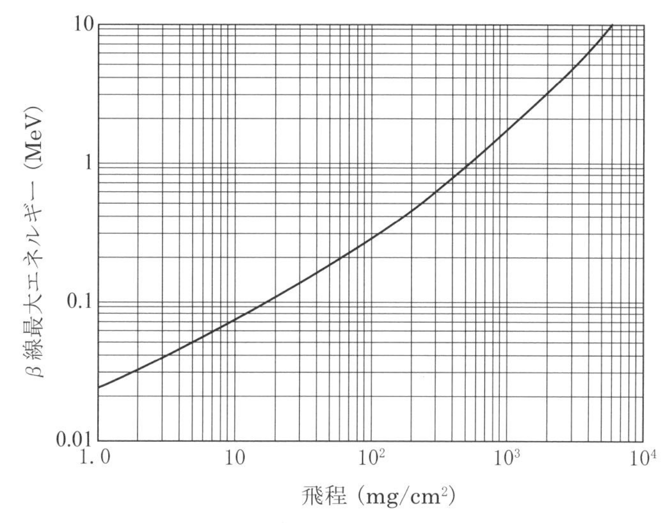

図 4.23 β線最大エネルギーと飛程の関係

2）エネルギー分布の計測

β 線は連続エネルギー分布をもっているため，一つのエネルギー値として決めることはできないが，シンチレーション検出器や半導体検出器を用いると，エネルギー分布を求めることができる。シンチレーション検出器は，シンチレータとして，アントラセン，スチルベン，プラスチック，液体などの低原子番号物質を用いないと，制動放射や散乱が大きくなって分解能が悪くなる。しかしこのようなシンチレータを使ったとしても，0.6 MeV 程度の単色電子線に対して，分解能は 10～15％程度である。

一方，半導体検出器はもっぱらシリコンが用いられ，常温で使う場合には表面障壁型の方が性能がよく，約 0.6 MeV 単色電子線に対して，分解能は 3％程度である。またリチウム拡散型を液体窒素温度で使うなら，1％以下に分解能は向上する。高分解能で β 線スペクトルを計測すると内部転換電子のスペクトルも得ることができるが，放射線診療の現場では，先に述べた吸収法による最大エネルギーの計測の方が有用であると言える。

【例題】 アルミニウムでの最大飛程が 0.5 cm である β 線の最大エネルギー［MeV］は次のどれ

か。ただし，アルミニウムの密度は 2.7 g/cm^3 とする。

1. 1.0
2. 1.5
3. 2.0
4. 2.7
5. 4.1

【解答】単位に気を付けながら式(4.5)に数値を代入すると，

$$0.5\times2.7=0.542\,E_{max}-0.133$$

となり，これを解くと，$E_{max}\fallingdotseq 2.7$[MeV]。よって正解は 4 となる。

4.3.3 重荷電粒子のエネルギー計測

電子よりも質量の大きい，陽子線，重陽子線，α 線などの重荷電粒子のエネルギースペクトル計測には，以前はグリッド付パルス電離箱が用いられていたが，半導体検出器の方が分解能の点で優れているため，最近では後者の方がよく用いられる。

1）グリッド付パルス電離箱による方法

平行平板形電離箱の中でイオン対が生成されると，電子の移動時間よりも，陽イオンの移動時間が約 10^3 倍ほど長いため，照射線量の計測のように平均電流として観測する場合は問題はないが，パルスとして取り出す場合には，陽イオンの運ぶ電気量までパルスの中に含むと，計測時間が長くなり，時間分解能が著しく低下してしまう。そこで微分回路によって陽イオンの電荷を切り捨て，電子の運ぶ電気量のみを利用すると時間分解能も向上し，パルス計測をすることができる。このような電離箱をパルス電離箱（pulse ionization chamber）あるいは速い電離箱と呼んでいる。ところが電子の運ぶ電気量は，電極間でのイオン対発生位置により違ってくることは前にも説明した。このことは，たとえ同じエネルギーの α 粒子が入射しても，イオン対の発生位置が異なることによって出力パルスの高さが違ってくることになる。この問題を解決するために考えられたのが，グリッド付パルス電離箱である。これをフリッシュ電離箱（Frisch chamber）という。その原理図を図 4.24 に示す。

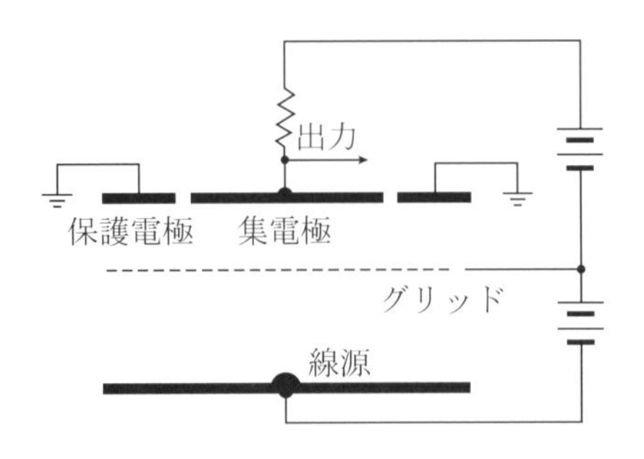

図 4.24 グリッド付パルス電離箱の原理

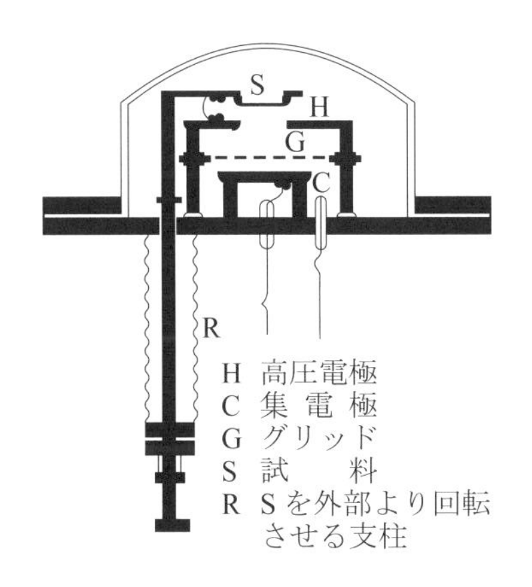

図 4.25 グリッド付パルス電離箱の断面

下側の高圧電極に α 線試料を置き，グリッドに高圧電極よりも低い正電圧を印加すると，高圧電極とグリッド間は通常の平行平板電離箱を形成しているが，グリッドを通り抜けた電子は全部同じ距離を走行して集電極に達するため，グリッドが見掛け上の電子発生源となる。そこでグリッドと集電極間から出力パルスを取り出すと，イオン対発生位置には全く無関係に同一電圧のパルスを取り出すことができる。出力パルスはイオン対の数すなわち α 粒子のエネルギーに比例するため，比例増幅し，波高分析することによってエネルギー計測ができる。パルス電離箱の断面図を図 4.25 に示す。これはコーン (Coon) が作ったもので，0.003 インチの銅線を 1.5 mm 間隔に張ったグリッドを持ち，7.5 気圧のアルゴンガスが充てんされている。この装置を用いて，4～5 MeV の α 粒子をエネルギー分解能約 3%，半値幅 150 keV で計測している。

2）半導体検出器による計測

半導体検出器はエネルギー分解能の点で非常に優れており（3.4 節参照），室温で安定的に動作する Si 半導体検出器は，陽子線や α 粒子などの軽イオンを計測する上で理想的な測定器である。

図 4.26 は表面障壁型の Si 半導体検出器で ^{241}Am，^{244}Cm などの α 線エネルギースペクトルを計測した例である。これによると ^{244}Cm の 5.8 MeV α 線が，15 keV の半値幅で測定され，分解能は約 0.2% となり，先に述べたパルス電離箱よりはるかにすぐれていることがわかる。また CsI (Tl) やプラスチックシンチレータをつけたシンチレーション計数管，あるいは液体シンチレーション検出器も α 線のエネルギー計測に用いられるが，分解能は 5 MeV α 線で約 6～15% とやや悪い。

放射性核種から出る α 粒子の飛程はごく短く自己吸収が起こりやすいため，α 線のエネルギースペクトルを測る際には，試料をできるだけ薄くする必要がある。薄い試料を作成するのには，電着法やスプレー法などが用いられる。また，試料から検出器までの間に空気層が介

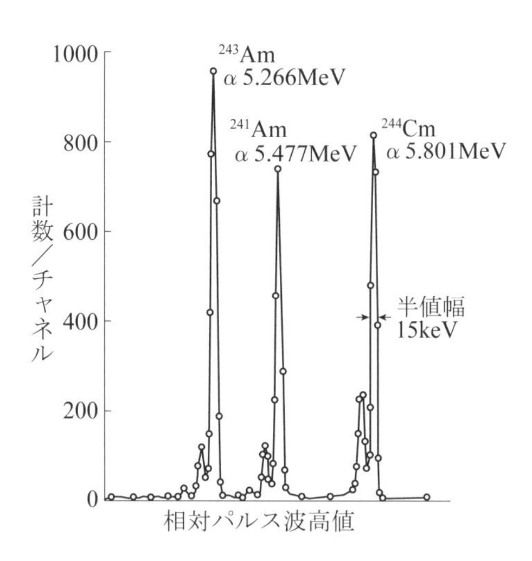

図 4.26　Si 表面障壁型検出器によるα線エネルギースペクトル
(J.L.Blankenship.et.al.)

在する場合には，真空容器に全体を入れて測定することが望ましい。なお，この点については，線源を検出器内に入れて計測するパルス電離箱や液体シンチレーション検出器の場合には問題にならない。

重イオンや核分裂片などの大きな質量を持つ粒子のエネルギーを計測する場合，高い電離密度に起因する特有の問題が生じる。まず，イオンの飛跡に沿って生じる高密度の電子キャリアにおいて電子正孔対の再結合が増えるため，パルス波高の欠損が強まる。これを防ぐには，より高い電圧を検出器に印加する必要がある。また，重イオン等で半導体検出器を長時間照射すると，放射線損傷による性能の劣化が進む。検出器のエネルギー校正には，自発核分裂をする ^{252}Cf の核分裂片スペクトルや，加速器施設で提供される重イオンビームを用いることができる。

3）粒子の識別

異なる電荷を持つ荷電粒子が混在する場では，エネルギー計測を行うにあたり粒子を識別することも必要になる。これには，薄い検出器（ΔE 検出器）と厚い検出器（E 検出器）を組み合わせたテレスコープ型の検出器が用いられることが多い。その概念図を図 4.27 に示す。

薄い ΔE 検出器は，入射する粒子の比エネルギー損失 $\mathrm{d}E/\mathrm{d}x$ を計測するもので，検出器の厚さを d，検出部の電離エネルギーを ε とすると，検出器内に作られる電荷キャリアの数 n_c は，

$$n_\mathrm{c} = \frac{\mathrm{d}E}{\mathrm{d}x} \cdot \frac{d}{\varepsilon} \tag{4.6}$$

となる。ΔE 検出器には，粒子のエネルギーが比較的高い場合は薄膜シンチレータやシリコン

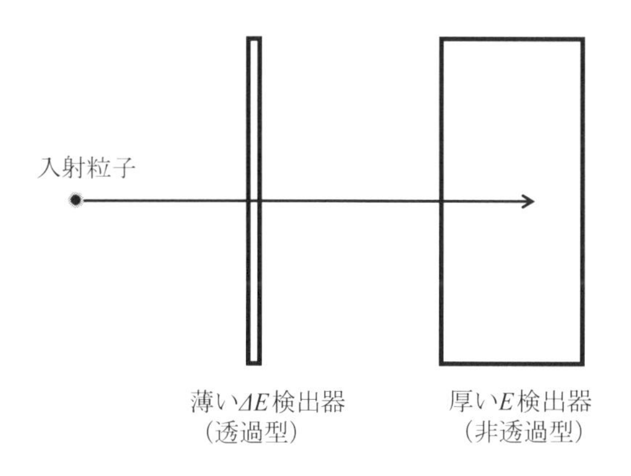

図 4.27 粒子識別テレスコープの概念図

半導体検出器等の固体検出器が，エネルギーが低い場合にはガス入り電離箱や比例計数管等が用いられる。一方，E 検出器は，粒子が止まるまでに作られた電荷キャリアの数から入射粒子の全エネルギーE を計測するもので，容量の大きな固体あるいは液体のシンチレータ等が用いられる。

さて，質量 m，電荷 z を持つ非相対論的荷電粒子については，次式が成り立つ。

$$\frac{\mathrm{d}E}{\mathrm{d}x} = C_1 \frac{mz^2}{E} \cdot \ln C_2 \frac{E}{m} \tag{4.7}$$

ここで C_1 および C_2 は定数である。積 $E \times \mathrm{d}E/\mathrm{d}x$ を求めると，その値は粒子を特徴づける mz^2 の値を敏感に反映するものになる。すなわち，二つの検出器からのパルス波高の積は，各粒子の種類をほぼ一義的に表す情報となる。よって，両検出器により，各入射粒子の種類とエネルギーの両方を同時に計測することができる。なお，本手法の精度は，一般にエネルギーストラグリングに起因する ΔE の信号のゆらぎによって規定される。

演　習　問　題

4- 1　γ線のエネルギースペクトル測定で使われる放射線検出器はどれか。

1　TLD
2　CR-39
3　電離箱
4　GM 計数管
5　Ge 半導体検出器

4- 2　エネルギー測定ができない測定器はどれか。

1　パルス電離箱
2　比例計数管
3　GM 計数管
4　アントラセンシンチレーションカウンタ
5　Ge(Li) 半導体検出器

4- 3　^{60}Co のエネルギースペクトルを測定すると，2.5 MeV にピークが観測された。このピークを説明するものとして最もふさわしいものを選べ。

1　後方散乱ピーク
2　エスケープピーク
3　コンプトンエッジ
4　サムピーク
5　光電ピーク

4- 4　NaI(Tl) 検出器のエネルギー分解能を求めるのに適切なピークはどれか。

1　後方散乱ピーク
2　コンプトンエッジ
3　エスケープピーク
4　全エネルギー吸収ピーク
5　ブラッグピーク

4- 5　3.09 MeV のγ線を放出する試料のエネルギースペクトルを NaI(Tl) シンチレーション検出器で測定した。エスケープピークに相当するのはどれか。

1　0.51 MeV

2　1.02 MeV

3　2.07 MeV

4　2.58 MeV

5　3.09 MeV

4-6　α 線のエネルギーを測定して，その核種を決定したい。次の放射線検出器のうち，もっとも適切な検出器を選べ。

1　固体飛跡検出器

2　GM 計数管

3　NaI シンチレーションカウンター

4　表面障壁型半導体検出器

5　Ge(Li)検出器

5．被ばく線量の評価・管理

5.1　放射線防護の考え方

放射線を用いた診断や治療の技術は，がんなどの疾病を早期に見つけて治すのに大いに役立っている。医療分野に限らず，放射線を利用することによって社会や個人は種々の便益を得ている。そうした便益があるから放射線を使い続けているともいえる。このことは，殺虫剤や除草剤など，毒性を持ちながら生活を豊かにするために広く用いられている種々の物質に共通に当てはまる。こうした物質を使う際には，悪い影響の有無が問題ではなく，その影響が容認できるレベルに抑えられていることが重要である。

こうした考え方に立ち，国際放射線防護委員会（ICRP）は，以下の三つの原則を放射線防護の基本原則としている。

1）正当化：放射線被ばくの状況を変化させるいかなる決定も，害より益を大きくすべきである。

2）防護の最適化：被ばくする可能性，被ばくする人の数およびその人たちの個人線量の大きさはすべて，経済的および社会的な要因を考慮して，合理的に達成できる限り低く保たれるべきである。

3）線量限度の適用：患者の医療被ばくを除く計画被ばく状況においては，規制された線源からのいかなる個人への総線量も，委員会が勧告する適切な限度を超えるべきでない。

ICRP によれば，放射線防護の目的は，「被ばくを管理・制御することにより，確定的影響の発生を防止し，確率的影響の発生を合理的に達成可能な水準まで減らすこと」にある。確定的影響とは，しきい線量を超えないと現れない影響で，しきい線量以下に被ばくを抑え

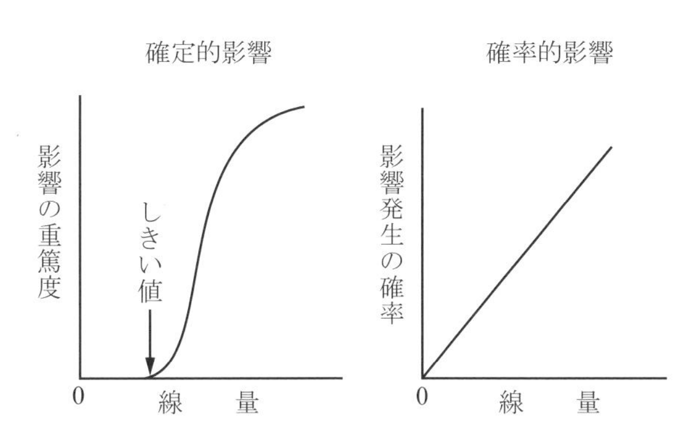

図5.1　被ばく線量に対する確定的影響（左）と確率的影響（右）の応答

ることでその発生を防ぐことができる。一方，確率的影響はしきい値がないと仮定されている影響で，どんなに低い線量でもそれに比例して影響が大きくなるとしている（図 5.1）。

上記の目的を果たすためには，まず，①確定的影響のしきい線量と②確率的影響の発生頻度を知り，容認できるリスクレベルを定める必要がある。

5.1.1 確定的影響のしきい線量

確定的影響の症状には，骨髄が被ばくしたときの造血機能の障害，生殖腺が被ばくしたときの受胎能力の低下，眼の水晶体が被ばくしたときの白内障の発生，皮膚が被ばくしたときの皮膚障害などがある。これらの症状は，被ばく線量がしきい値とされるレベルを超えなければ現れず，そのしきい値を超えると線量が増えるにしたがい重篤度が増す。表 5.1 に主な確定的影響とそのしきい値を示す。

表 5.1 全身 γ 線被ばくによって発現する症状と γ 線に対するしきい値（ICRP 2007 年勧告より）

影響	標的臓器／組織	潜伏期	吸収線量(Gy)
永久不妊	精巣	3 週	～6
永久不妊	卵巣	＜1 週	～3
造血能低下	骨髄	3～7 日	～0.5
皮膚紅斑	皮膚(広域)	1～4 週	<3～6
皮膚熱傷	皮膚(広域)	2～3 週	5～10
一時的脱毛	皮膚	2～3 週	～4
骨髄症候群による死亡*	骨髄	30～60 日	～1
胃腸管症候群による死亡*	小腸	6～9 日	～6

*適切な治療を施さなかった場合。

【例題】 放射線の影響でしきい値があるのはどれか。二つ選べ。

1. 脱毛
2. 肺癌
3. 白内障
4. 白血病
5. 遺伝性影響

【解答】 2.肺癌，4.白血病，5.遺伝性影響は確率的影響である。正解は 1 と 3。

5.1.2 確率的影響の発生頻度

確率的影響に属する症状には，「がん」と「遺伝性影響」がある。確率的影響にはしきい値がなく，線量が増えるにつれ，それに比例して発生確率が高くなると仮定していることから，ある線量値以下なら安全であると言い切ることは難しい。

確率的影響を評価するため，広島・長崎の被爆者のデータ等に基づいて，単位線量（1 Sv）

表 5.2　名目リスク係数（ICRP 2007 年勧告より）

組織・臓器	名目リスク係数（1 万人・1 Sv 当たりの症例数）		致死率と QOL で調整した名目リスク（$10^{-4}Sv^{-1}$）	
	全集団	就労年齢集団（18～64 歳）	全集団	就労年齢集団（0～64 歳）
食堂	15	16	15	16
胃	79	60	77	58
結腸	65	50	49	38
肝臓	30	21	30	21
肺	114	127	113	126
骨	7	5	5	3
皮膚	1000	670	4	3
乳房	112	49	62	27
卵巣	11	7	9	6
膀胱	43	42	24	23
甲状腺	33	9	10	3
骨髄	42	23	38	20
その他	144	88	110	67
生殖腺（遺伝性）	20	12	19	12
合計	1715	1179	565	423

あたりの各臓器／組織のがんおよび遺伝性影響の発生頻度が推定されており，これを名目リスク係数と呼んでいる。表 5.2 に，臓器別の名目リスク係数およびそれを致死率とQOL（Quality Of Life；生活の質）で調整した値を示す。ここで「名目」とあるのは，代表的な性および年齢の分布を持つ集団を仮定し，その名目集団について性・年齢別リスクの推定値を平均化して係数を求めているからである。なお，ICRP が扱っている名目集団は，公衆を想定した全集団と作業者を想定した成人の集団の二つのみである。

この調整されたリスクに基づき，ICRP は，確率的影響に関する総括的な致死リスクとして，1 シーベルトあたり約 5%と勧告することは，放射線防護の目的において適切であると述べている。

【例題】 放射線防護体系に対する考え方で正しいのはどれか。二つ選べ。

1. 医療被ばくは線量拘束値を超えてはならない。
2. 被ばくを伴う行為は正当化されなければならない。
3. 防護の正当化は経済的・社会的要因を考慮しなければならない。
4. 医療被ばくを除き，個人の被ばくは線量限度を超えてはならない。
5. 被ばく行為は最適化，正当化，線量限度の順に考慮しなければならない。

【解答】 1.医療被ばくに線量拘束値は適用されない。3.経済的・社会的要因を考慮しつつできるだけ被ばくを減らすという原則は，防護の「最適化」である。5.行為が正当化（益

＞害）された後に最適化や線量限度についての考慮がなされる。正解は2と4。

【例題】放射線防護体系の三原則に合致しないのはどれか。

1. 肺癌が疑われる患者に胸部造影CTを施行する。
2. X線CTで自動曝射コントロール（AEC）を用いる。
3. 肝嚢胞の経時変化を3か月ごとにX線CTで評価する。
4. 放射線部看護師の被ばく線量をガラスバッジで管理する。
5. 検診目的の胸部CTでは通常診療より低いX線管電流を用いる。

【解答】1.肺癌の疑いがある患者に胸部造影CTを行うことは正当化される。2.及び5.X線CTで自動曝射コントロール（AEC）を用いることや通常診療より低いX線管電流を用いて検査を行うのは最適化の原則に沿っている。3.肝嚢胞の経時的な変化は放射線を使わない方法（超音波）でも診ることができる。4.放射線部看護師の被ばくが線量限度以下であることを確認するための計測は必要。正解は3。

【例題】放射線防護に用いられる線量定義で誤っているものはどれか。

1. 線量限度は患者の医療被ばくに適用される。
2. 急性放射線皮膚炎には，しきい線量が存在する。
3. 放射線検査法の選択では患者へのリスクを考慮する。
4. 放射線被ばくを伴う医療行為は正当化されなければならない。
5. 防護の最適化は経済的・社会的要因を考慮しなければならない。

【解答】1.患者の医療被ばくに線量限度は適用されない。正解（誤っているもの）は1。

5.2　被ばく管理に用いる量

放射線防護のために用いられる量（防護量）には，実効線量と等価線量があり，内部被ばくの評価ではそれぞれに預託線量が定義されている。これらの防護量は，体内の組織／臓器の線量とそれらの放射線感受性に基づいて算定され，直接測定できる量ではない。そのため，被ばく線量の管理にあたっては，防護量と対応づけられた測定可能な実用量が定められている。実用量には，周辺線量当量，方向性線量当量，個人線量当量などがあり，管理の目的に応じて使い分けられている。

5.2.1　防　護　量

1）等価線量

同一の吸収線量であっても，放射線の種類やエネルギーにより人体に対する影響の表われ方は異なる。照射により人体組織に与えられる影響を，同一尺度で計量するために，組織・臓器にわたって平均し，線質について加重した吸収線量である等価線量（equivalent dose）が導入された。組織・臓器Tの等価線量H_Tと吸収線量D_{TR}との関係は次式で与えられる。

表 5.3　放射線加重係数

放射線の種類と エネルギーの範囲	放射線加重係数 w_R	
	1990 年勧告	2007 年勧告
光子	1	1
電子及びミュー粒子	1	1
中性子		連続関数*
エネルギーが 10 keV 未満のもの	5	
〃 10 keV 以上 100 keV まで	10	
〃 100 keV を超え 2 MeV まで	20	
〃 2 MeV を超え 20 MeV まで	10	
〃 20 MeV を超えるもの	5	
陽子及びパイ中間子	5 （陽子のみ）	2
α 粒子，核分裂片，重原子核	20	20

$$* \ w_R = \begin{cases} 2.5 + 18.2 e^{-[\ln(E_n)]^2/6} \cdots\cdots\cdots\cdots E_n < 1\ \mathrm{MeV} \\ 5.0 + 17.0 e^{-[\ln(2E_n)]^2/6} \cdots\cdots\cdots 1\ \mathrm{MeV} \leq E_n \leq 50\ \mathrm{MeV} \\ 2.5 + 3.25 e^{-[\ln(0.04E_n)]^2/6} \cdots\cdots E_n > 50\ \mathrm{MeV} \end{cases}$$

$$H_T = \sum_R w_R \cdot D_{TR} \qquad (5.1)$$

ここで，w_R は放射線加重係数（radiation weighting factor），D_{TR} は組織･臓器 T について平均された，放射線 R に起因する吸収線量である。吸収線量の単位は Gy で，等価線量は Sv でで示される。w_R の値は，低線量における確率的影響の誘発に関する放射線の生物学的効果比を代表するように，ICRP が勧告している。1990 年勧告と 2007 年勧告で示された w_R の値を表 5.3 に示す。

2）実効線量

実効線量 E（effective dose）は，

$$E = \sum_T w_T \cdot H_T \qquad (5.2)$$

で与えられる。ここで，w_T は組織・臓器 T の組織加重係数（tissue weighting factor）で，H_T は組織・臓器 T の等価線量である。w_T の値については，ICRP により，表 5.4 のように与えられている。式(5.2)から，実効線量 E とは，放射線を受けた組織の等価線量について w_T 値を重みとして全身で足し合わせたものであることが分かる。E を用いることにより，全身を被ばくした場合でも一部の組織を被ばくした場合でも，また外部被ばくのみの場合でも内部被ばくがある場合でも，同様に被ばくのレベルを評価し比較することができる。

3）預託線量

放射性物質を摂取した場合，その物質はある期間人体内に留まり，線量率を変えながら周

表 5.4　組織加重係数

組織・臓器	組織加重係数 w_T	
	1990 年勧告	2007 年勧告
生殖腺	0.20	0.08
骨髄（赤色）	0.12	0.12
結腸	0.12	0.12
肺	0.12	0.12
胃	0.12	0.12
膀胱	0.05	0.04
乳房	0.05	0.12
肝臓	0.05	0.04
食道	0.05	0.04
甲状腺	0.05	0.04
皮膚	0.01	0.01
骨表面	0.01	0.01
脳	-	0.01
唾液腺	-	0.01
残りの組織・臓器	0.05	0.12

囲の組織・臓器に線量を与える。ここで，摂取後ある組織・臓器 T にある期間に与えられる等価線量率の時間積分値を預託等価線量（committed equivalent dose）$H_T(\tau)$ という。ここで τ は摂取後の積算期間（年単位）である。もし τ が特定されていないときは，成人に対し 50 年，子供に対しては摂取時から 70 歳までの年数とする。

$$H_T(\tau) = \int_{t_0}^{t_0+\tau} \dot{H}_T(t)\,\mathrm{d}t \qquad (5.3)$$

ここで，$H_T(\tau)$ は預託等価線量，$\dot{H}_T(t)$ は等価線量率，t_0 は摂取の時刻である。等価線量率の代わりに実効線量率をとると預託実効線量（committed effective dose）$E(\tau)$ となる。ICRP は，実効線量を制限することにより，実効線量相当の被ばくが限度値で長期間連続していたと仮定しても，組織・臓器に確定的影響を及ぼさないことは確実であるとして，内部被ばくについては等価線量限度を定めていない。一方，外部にある放射線源からの部分被ばくが考えられる眼の水晶体及び皮膚については，別に等価線量の限度値を設けている。また，胎児に対して確定的影響を防止する目的で，母親の預託実効線量を制限している。

内部被ばくの線量については，放射性同位元素の摂取量（Bq）に，各元素の線量係数を乗じて求めることができる。主な放射性核種の線量係数値が ICRP により提示されている。放射線災害時に問題となり得るいくつかの放射性核種について，吸入に係る線量係数を表 5.5 に示す。

表 5.5　作業者による吸入に係る預託実効線量係数（粋）；粒子径は 5μm と仮定［ICRP, 2012］

放射性核種	化学形*	預託実効線量係数（Sv Bq^{-1}）
^{90}Sr	F	3.0×10^{-8}
^{90}Sr	S	7.7×10^{-8}
^{132}Te	F	2.4×10^{-9}
^{132}Te	M	3.0×10^{-9}
^{131}I	F	1.1×10^{-8}
^{134}Cs	F	9.6×10^{-9}
^{137}Cs	F	6.7×10^{-9}

*記号について，F は急速に吸収されるもの，S は溶けにくくゆっくり吸収されるもの，M は中程度の速度で吸収されるものを意味する。

【例題】 局所被ばくの場合に実効線量が最も低い組合せはどれか。ただし，放射線加重係数と組織加重係数は ICRP 2007 年勧告の値とする。

1. 食　道 ———— 光　子
2. 乳　房 ———— 電　子
3. 唾液腺 ———— 陽　子
4. 甲状腺 ———— α 粒子
5. 生殖腺 ———— 中性子

【解答】 表 5.3 および表 5.4 より，

1. 食道の w_T × 光子の $w_R = 0.04 \times 1 = 0.04$
2. 乳房の w_T × 電子の $w_R = 0.12 \times 1 = 0.12$
3. 唾液腺の w_T × 陽子の $w_R = 0.01 \times 2 = 0.02$
4. 甲状腺の w_T × α 粒子の $w_R = 0.04 \times 20 = 0.8$
5. 生殖腺の w_T × 中性子の w_R（最小値）$= 0.08 \times 2.5 = 0.2$

となる。よって，正解は 3。

【例題】 組織加重係数（ICRP 2007 年勧告）が 0.1 を超えるのはどの臓器か。二つ選べ。

1. 肺
2. 食道
3. 乳房
4. 甲状腺
5. 唾液腺

【解答】 表 5.4 より，1.肺の組織加重係数（w_T）は 0.12，2.食道の w_T は 0.04，3.乳房の w_T は 0.12，4.甲状腺の w_T は 0.04，5.唾液腺の w_T は 0.01。よって，正解は 1 と 3。

【例題】 放射線防護に用いられる線量定義で誤っているのはどれか。

1. 吸収線量は物質単位質量当たりに付与されるエネルギー量である。
2. 等価線量は吸収線量に放射線加重係数を乗じた値である。
3. 実効線量は等価線量に組織加重係数を乗じた値の加算である。
4. 預託実効線量は体内被ばくの線量評価に用いられる。
5. 集団実効線量は集団の一人当たりの平均線量である。

【解答】 5.集団実効線量とは，評価対象となる集団について，集団構成員の実効線量をすべて加算した量である。よって，正解（誤っているもの）は5。

5.2.2 実　用　量

実効線量の同定には，人体内の各臓器における等価線量を知る必要があるが，これを実測することは事実上不可能である。そのため，外部被ばくに係る実測が可能な量（実用量）として，周辺線量当量，方向性線量当量および個人線量当量が用いられている。

1）周辺線量当量

周辺線量当量 $H^*(d)$は，図 5.2 に示すように，放射線場のある 1 点にすべての方向からくる放射線を整列・拡張した場（一方向からくるとして整列させた場）に，ICRU 球（直径 30 cm の球で，その元素組成が O：76。2%，C：11。1%，H：10。1%，N：2。6%，密度は 1）を置いたとき，整列場の方向に半径上の深さ d mm（p 点）において生ずる線量当量と定義されている。場の管理には一般に $d=10$ mm の 1 cm 線量当量が用いられる。

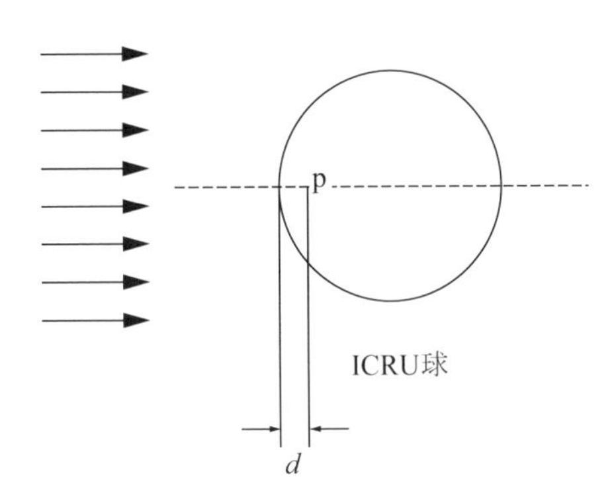

図 5.2 周辺線量当量 $H^*(d)$ の定義

2）方向性線量当量

簡単のため放射線が 1 方向からくる場合を考えると，方向性線量当量 $H'(d, \alpha)$は，放射線場に ICRU 球を置き，放射線の入射方向となす角度 α の方向で半径上の深さ d mm に生ずる線量で定義される。

方向性線量当量で $\alpha=0$ のときは方向性線量当量 $H'(d, 0)$と周辺線量当量 $H^*(d)$は等しい。

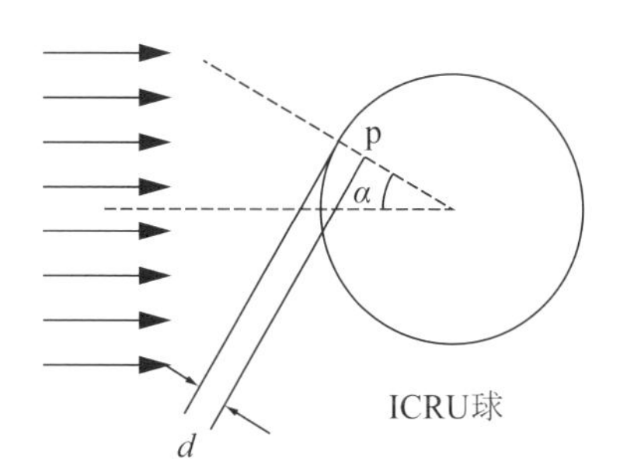

図 5.3 方向性線量当量 $H^*(d, \alpha)$ の定義

方向性線量当量は放射線の防護の現場で用いられることはないが，線量計の角度依存性を表す際等に用いられる。

３）個人線量当量

ICRU は，個人被ばく線量測定において測定すべき個人線量当量(personal dose equivalent) $H_p(d)$ を人体上のある特定の点における軟組織の深さ d における線量当量と定義している。具体的にはスラブファントム中央面を平行ビームで面に垂直に照射し，ファントムの中央面下の各深さに生じる線量を計算により求めたものである（図 5.4 参照)。深さ d の値として，全身または深部組織に対する線量には 10 mm，眼の水晶体には 3 mm，表層部組織には 70 μm が推奨されている。

なお，ICRU は，最近の刊行物（Report 95）において新しい実用量を勧告しており，今後国内外でそれらを関連する法令や規程等に取入れるための検討が進むと考えられる。

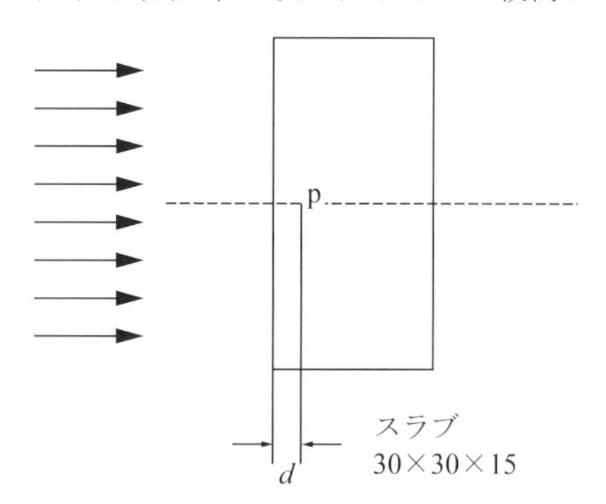

図 5.4 個人線量当量 $H_p(d)$ の定義

5.3　個人被ばく管理のための測定技術

放射線被ばくの管理には，大きく分けて，個人の被ばくの管理と環境（場）の放射線レベルの管理がある。個人被ばくは，さらに外部被ばくと内部被ばくに分けることができる。こ

れらについて，法令で定められた被ばく限度を超えないように，放射線業務に従事する人の身体に測定器を装着して一定期間の集積線量を測定したり，取扱う放射性同位元素の空気中濃度，水中濃度，表面汚染などを測定評価する。以下に，個人被ばく管理に用いられる基準とそれに関わる測定技術について概説する。

5.3.1　障害防止のための基準

ICRP は，1 年間に 10 mSv（生涯 0.5 Sv），20 mSv（1.0 Sv），30 mSv（1.4 Sv），50 mSv（2.4 Sv）の放射線を被ばくしたときの死亡確率や死亡による寿命損失等を調べ，10 mSv／年，20 mSv／年，30 mSv／年，50 mSv／年の連続被ばくによる死亡の生涯確率はそれぞれ 2%，4%，5%，9%になり，平均余命損失はそれぞれ約 0.2 年，0.5 年，0.7 年，1.1 年になると推定した。また，65 才までの年間死亡確率が 10^{-3} を超えない線量率は，年間 20 mSv 以下の場合であるとした。

これらの知見に基づき，ICRP は，職業被ばくについて，生涯の実効線量の上限を 1 Sv と定め，5 年間で 100 mSv，ただし，いかなる 1 年間も 50 mSv を超えてはならないと勧告している。また，ICRP は，近年の調査研究で白内障のしきい線量がこれまで考えられていた値より有意に低いことが明確になったとして，2011 年の声明において．職業被ばくにおける眼の水晶体に係る等価線量限度を大幅に引き下げるよう勧告した。日本でもこの勧告を取り入れた法令改正を行い，2020 年度までは年間 150 mSv であった水晶体の等価線量限度は，2021 年 4 月から「1 年間につき 50 mSv 及び 5 年ごとに区分した各期間につき 100 mSv」となっている。公衆の被ばくについては，1 年間に 1 mSv，2 mSv，3 mSv および 5 mSv の放射線を生涯連続被ばくしたと仮定した場合の年齢に応じた死亡率の算出結果や，ラドンを除く自然放射線による年間の被ばくが年間約 1 mSv である事実などを考慮し，実効線量で年 1 mSv を公衆被ばくの線量限度としている。ICRP が勧告している線量限度値を表 5.6 に示す。

表 5.6　ICRP が勧告している計画被ばく状況における線量限度

	職業被ばく	公衆被ばく
実効線量（effective dose）	100 mSv/5 年 （定められた 5 年間の平均で年間 20 mSv，但し，いかなる 1 年も 50 mSv を超えない）	1 mSv/年
年等価線量（annual equivalent dose）		
眼の水晶体	100 mSv/5 年 （定められた 5 年間の平均で年間 20 mSv，但し，いかなる 1 年も 50 mSv を超えない）	15 mSv
皮膚	500 mSv	50 mSv
手および足	500 mSv	—

ICRP の勧告を基にして日本の法令で決められている基準値を表 5.7 に示す。

表 5.7 日本における個人に対する線量限度

	職業人	一般公衆
実効線量	100 mSv/5 年 [a] 50 mSv/年 [b]	1 mSv/年
女子 [c]	5 mSv/3 月	
妊娠中の女子	内部被ばくについて 1 mSv（妊娠中 [d]）	
等価線量		
眼の水晶体	100 mSv/5 年 [a] 50 mSv/年 [b]	—
皮膚	500 mSv/年	—
妊娠中の女子の腹部表面	2 mSv（妊娠中 [d]）	—

[a] 4 月 1 日以降 5 年ごとに区分した各期間
[b] 4 月 1 日を始期とする 1 年間
[c] 妊娠不能と診断された者及び妊娠の意思のない旨を許可届出使用者または許可廃棄業者に書面で申し出たものを除く
[d] 本人の申し出により許可届出使用者または許可廃棄業者が妊娠の事実を知ったときから出産までの間

ICRP は実効線量を制限することにより, 限度値の実効線量を長期間受けていたと仮定しても, ほとんど全ての組織･臓器（眼の水晶体及び皮膚を除く）に確定的影響を及ぼさないことは確実であるとして内部被ばくに係る等価線量限度を個別に定めていない。

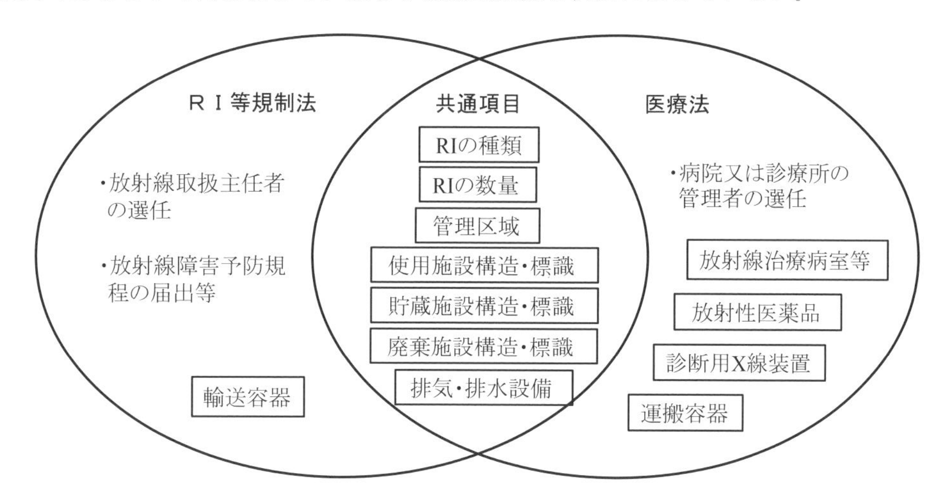

図 5.5 医療法と RI 等規制法で定めている主な事項
RI 等規制法には放射性物質の人への投与を想定した基準はない。

なお，病院や診療所等では，人（患者）への放射性医薬品などの投与や放射線を用いたがん治療等が想定されるが，放射性同位元素等の規制に関する法律（2017 年 4 月 14 日公布，2019 年 9 月 1 日施行；以下「RI 等規制法」）ではそうした行為は想定されておらず，関連する基準が示されていない。そこで，医療機関に対しては，医療法施行規則において，RI 等規制法で定める限度に準じた基準に加え，放射線治療病室の構造設備や同室からの退出に関する基準等が設定されている。図 5.5 に，医療法と RI 等規制法の関係を示す。

【例題】 医療法施行規則における放射線診療従事者の線量限度の組合せで正しいのはどれか。二つ選べ。

1. 妊娠の意思がない女子 ………………… 実効線量 50 mSv/年
2. 妊娠の意思がない女子 ………………… 実効線量 150 mSv/5 年
3. 妊娠可能な女子 ………………………… 実効線量 5 mSv/3 月
4. 妊娠中の女子の内部被ばく ………… 実効線量 2 mSv/妊娠の申出から出産まで
5. 妊娠中の女子の腹部表面被ばく …… 等価線量 1 mSv/妊娠の申出から出産まで

【解答】 表 5.7 より，妊娠の意思がない女子に適用される実効線量限度は 100 mSv/5 年と 50 mSv/年。一方，妊娠可能な女子の場合は 5 mSv/3 月。妊娠中の女子の場合，妊娠の申出から出産までの期間において，内部被ばくについては実効線量で 1 mSv，外部被ばくについては腹部表面の等価線量で 2 mSv。よって，正解は 1 と 3。

【例題】 医療被ばくでないのはどれか。

1. X 線 CT を受けた患者の被ばく
2. 胃集団検診時の被検者の被ばく
3. 組織内照射用線源挿入時の術者の被ばく
4. 幼児の X 線 CT 撮影時に付き添った家族の被ばく
5. 脳血流 SPECT 標準データベース作成時のボランティアの被ばく

【解答】 術者の被ばくは医療被ばくでなく職業被ばくになる。正解は 3。

5.3.2 外部被ばくの管理

5.3.2.1 外部被ばく線量の評価

体外にある放射線源が原因で生ずる被ばくを外部被ばくと呼ぶ。通常，皮膚表面で留まる α 線については外部被ばくによる障害は問題にならず，外部被ばくによる障害は皮膚を透過する放射線，すなわち，X 線，γ 線，エネルギーの高い β 線，中性子線などに対して考えることになる。

法令では，外部被ばくに対して，防護量と実用量の関係を以下のように定めている。

・実効線量については，1 cm 線量当量；

・皮膚の等価線量については，70 μm 線量当量；

・眼の水晶体の等価線量については，1 cm 線量当量，3 mm 線量当量または 70 μm 線量当量のうち適切なもの；

・妊娠中である女子の腹部表面については，1 cm 線量当量；

個人線量計の着用部位については，以下のように定められている。

・体幹部均等被ばくの場合は，男子および妊娠不能及び妊娠の意思のない女子は胸部，妊娠可能な女子は腹部；

・体幹部不均等被ばくの場合は，胸部（女子にあっては腹部）と最も被ばくする可能性のある場所の 2 個所；

・末端部被ばくの場合は，胸部（女子にあっては腹部）および末端部

なお，物理的に被ばくを測ることが困難なときは，粒子輸送モデルや核反応データを用いた計算によって線量を算定することも可能である。

5.3.2.2　個人線量計

外部被ばく線量（実用量）を測定するには，一般に携帯の容易な小型の個人線量計が用いられる。個人線量計には様々なものが開発・商品化されているが，このうち比較的短期間（数時間～数日）の測定に用いられるものとしてポケット線量計や半導体線量計が，長期間（二週間～）の測定に用いられるものとして，RPL 線量計（蛍光ガラス線量計），OSL 線量計，TLD，フィルムバッジなどがある。これらの多くは γ(X)線，β 線，熱中性子線の測定に用いられ，速中性子線の測定には固体飛跡検出器が使われる。測定する部位などに応じて異なる形状のものが作られており，たとえば，指の局所被ばく測定にはリング状の線量計（リングバッジ）が使われる。X・γ 線及び β 線用受動型個人線量計についての規格は JIS Z 4345（平成 29 年 11 月 20 日制定）で定められている。以下に，放射線管理に使用される個人線量計について概説する。

1）ポケット線量計

コンデンサ型電離箱の一種で，低い線量を測定できるよう，電離体積を大きくしかつ静電容量を小さくすることによって，感度を高めている。コンデンサ電離箱は，その機構に基づいて，電離箱，検電器，充電器の三つに大きく分類できるが，このうち充電器と検電器をセットにした部分をポケット電離箱（pocket chamber）と，その一端に検電器を付属させたものをポケット線量計（pocket dosimeter）と呼んでいる。ポケット線量計を用いると，装着中に常時自身の被ばく線量を確認することができる。

ポケット線量計の測定線量域は 0.1～2 mSv または 0.1～3 mSv 程度で，電離箱であるためエネルギー依存性は小さいが，測定誤差は比較的大きい。また，この線量計は，長時間放置すると充電電荷がリークするため，数時間ほどの短期間の使用に適している。

2）半導体線量計

pn 接合型のシリコン半導体を用いた個人線量計で，電子式個人線量計（EPD）とも呼ばれ

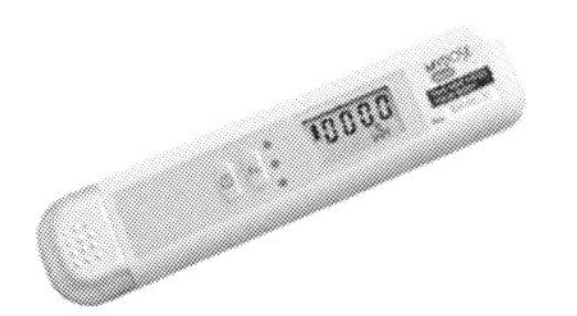

PDM-222C
（提供：(株)日立製作所）

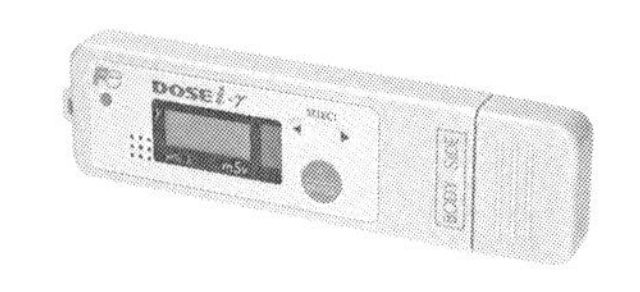

DOSEi-γ
（提供：富士電機(株)）

図 5.6 半導体線量計の外観

る。シリコンの半導体検出器は比較的安価で冷却も不要のため，小型かつ軽量に製作できるという利点がある。一般に液晶ディスプレイの表示部を持ち，リアルタイムに 1 cm 線量当量（μSv）をディジタル表示で直読できるにようになっている。図 5.6 に市販の半導体線量計の外観を示す。

測定可能な線量範囲は，一般的には 1～9,999 μSv であるが，とくに高感度用としては 0.01～99.99 μSv のものも市販されている。また，エネルギー依存性は 50 keV～3 MeV の光子に対して±30%程度に調整されているが，とくに医療用として 20 keV の低エネルギーから測定できるものも供給されている。使用が非常に簡便な点から，電離箱式ポケット線量計よりも便利であり，積算線量当量の測定には適であろう。

半導体線量計の特徴として，①電離箱式よりも高感度である。②使用中にいつでも線量確認ができる。③エネルギー特性が比較的良好（±30%程度）である，といった点が挙げられる。一方，強い電磁波によって誤作動を起こすことがあるので，そうした作業環境での使用には注意が必要である。

最近注目される半導体線量計として，D シャトルと呼ばれる線量計がある。この線量計は，2011 年 3 月の福島第一原発事故後に住民の被ばく線量を長期間モニタリングしたいというニーズが生じたことを受けて日本国内で新しく開発されたもので，急速に普及が進んでいる。

図 5.7 D-Shuttle の外観（左：線量計本体，右：読取装置）
（提供：(株)千代田テクノル）

その長所としては，①バッテリー交換無しで 1 年間使用できる，②1 時間毎の被ばく線量の推移を知ることができる，③粗雑な扱いをしても壊れない頑強さを有することなどが挙げられる。短所としては，①検出器部分と読取器が分かれているのでただちに線量を知ることができない，②使用者自身で電池交換ができないことが挙げられる。D シャトルの外観を図 5.7 に示す。

3）熱ルミネセンス線量計（TLD）

長期間の被ばく線量モニタリングに用いる熱ルミネセンス線量計（TLD）の素子には，フェーディングが少なく，高感度で，エネルギー依存性の小さいことが条件として求められる。

TLD の長所としては，①1 μSv～100 Sv 程度の広範囲の線量測定ができる，②フェーディングが少ない素子が多くある，③立方体形状の素子を使うと方向依存性が小さくできる，④線量率依存性が小さい，⑤熱処理（アニーリング）により反復繰り返しの使用ができる，⑥湿度の影響を受けない，といったことが挙げられる。一方，欠点としては，①被ばく線量の途中経過がわからない，②素子間に感度のばらつきが若干ある，③使用前に熱処理が必要である，④素子によっては光感受性がある，こと等が挙げられる。

TLD 素子として利用される主な物質の光電吸収に係る実効原子番号(Z_e)，生体軟組織に近い（組織等価の）ものとそうでないものに分けて表 5.8 に示す。なお，水の Z_e は 7.2，空気の Z_e は 7.6 である。

表 5.8　各種熱ルミネセンス線量計の実効原子番号（Z_e）

組織等価型		非組織等価型	
物質	Z_e	物質	Z_e
BeO:Na	7.1	Mg_2SiO_4:Tb	11.1
$Li_2B_4O_7$:Cu	7.3	$CaSO_4$:Tm	15.3
LiF:Mg,Ti	8.2	CaF_2:Mn	16.6

4）ラジオフォトルミネセンス線量計（RPLD）

ラジオフォトルミネセンス線量計の素子には銀活性アルカリアルミノ燐酸塩ガラス（銀活性りん酸ガラス）が用いられ，蛍光ガラス線量計という呼び名で普及している。RPLD の歴史は TLD よりも古く，1950 年代には商品化されたが，当初は測定精度に難があり，応答のばらつきを抑えるためにガラスの洗浄に手間がかかったこと等から，一時ほとんど使用されなくなった時期があった。しかし，刺激光に窒素ガスレーザの紫外光を使用する方法が実用化されたことで，感度や測定精度が格段に向上し，ガラスの洗浄も不要となった。その結果，個人被ばく管理用の線量計としてこの蛍光ガラス線量計がフィルムバッジに代わって広く使われるようになった。

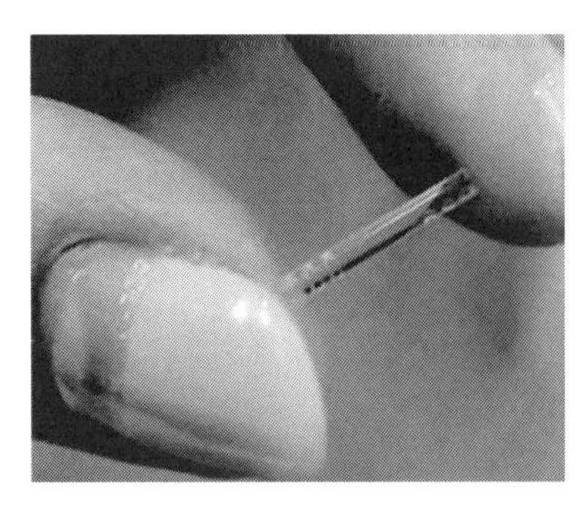

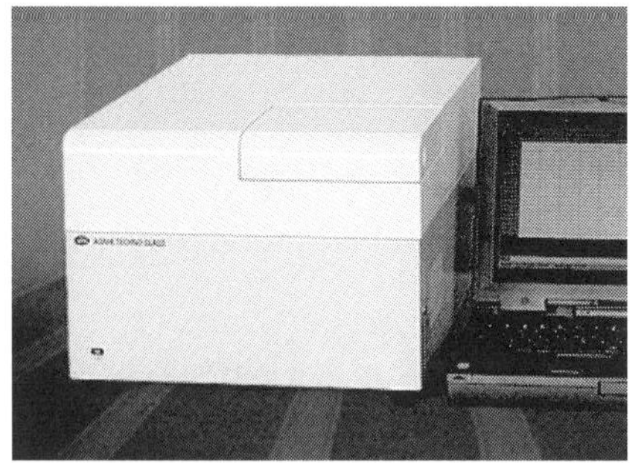

図 5.8 蛍光ガラス線量計（左）および専用リーダー（右）の外観（提供：(株)千代田テクノル）

蛍光ガラス線量計の長所として，①1 μSv～30 Sv 程度の広範囲の線量測定ができる，②退行現象（フェーディング）が少なく長期間の集積線量測定ができる，③方向依存性が小さい，④線量率依存性が小さい，⑤読み取りに失敗しても蛍光中心は安定的に残るので同一素子で継続測定ができる，⑥アニール処理により何度も反復使用ができることが挙げられる。一方，短所としては，①組織等価のものがない，②エネルギー依存性が若干観られる，③蛍光のビルドアップを待つ必要があり照射後直ちに読み取りができない，④高温多湿の環境で表面が侵蝕されやすい，などがある。蛍光ガラス線量計の外観を図 5.8 に示す。

5）光刺激ルミネセンス線量計（OSLD）

現在，光刺激蛍光線量計（OSLD）は，主として被ばく線量測定にのみ使用されているが，TLD と同様に比較的フェーディングが少ないため，長期間の集積線量の測定が可能である。被ばく線量測定用の素子にはもっぱら酸化アルミニウム（Al_2O_3:C）が用いられてきたが，最近ドイツで酸化ベリリウム（BeO）の OSL 線量計が開発され販売されている。なお，OSL 物質（輝尽性蛍光体）をプラスチックのフィルムに塗布したイメージングプレート（IP）は，X 線フィルムに比べて高感度でダイナミックレンジが広いなどの利点はあるもののフェーディングが大きいため個人線量計への適用は困難である。

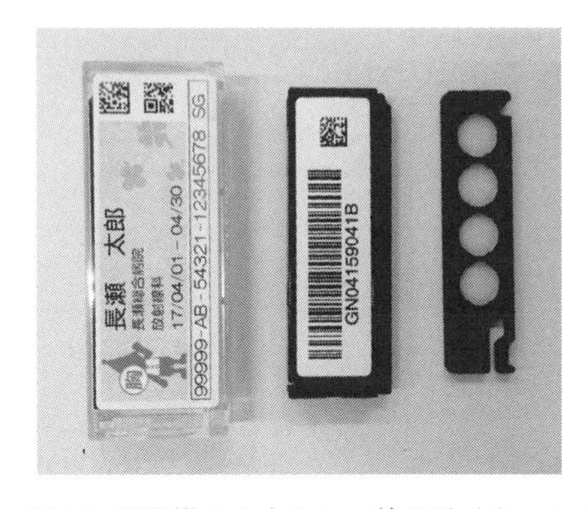

図 5.9 光刺激ルミネセンス線量計（左：ルミネスバッジ，右：nanoDot）の外観（提供：長瀬ランダウア(株)）

酸化アルミニウムを用いたOSLDの長所として，①実効原子番号が小さく，エネルギー依存性が小さい（20 keVから^{137}Cs γ線までのエネルギー範囲での感度差は±10%以内），②感度が高く（0.01 mSvから測定が可能），線量測定範囲も広い，③フェーディングが少なく長期間の積算線量が測定できる，④線量率依存性が小さい，⑤光学的アニーリングにより再使用が可能である，⑥画像情報が得られることが挙げられる。一方，短所としては，①素子間に若干の感度のばらつきがある，②可視光でフェーディングを起こすので遮光の必要がある，などである。市販されているOSLDの構造を図5.9に示す。

6）フィルムバッジ

フィルムを用いた線量計で，放射線照射で生じた黒化度の増加から被ばく線量を評価する。フィルタやラジエータと組み合わせることにより，広範囲のエネルギーの光子や中性子を測ることができるような工夫がなされている。X線用に設計されたものは，数種類のフィルタを用いて取得した黒化度の比を光子エネルギーに対して予め求めておき（図5.10），それに照らして入射X線の実効エネルギーを推定することができるようになっている。

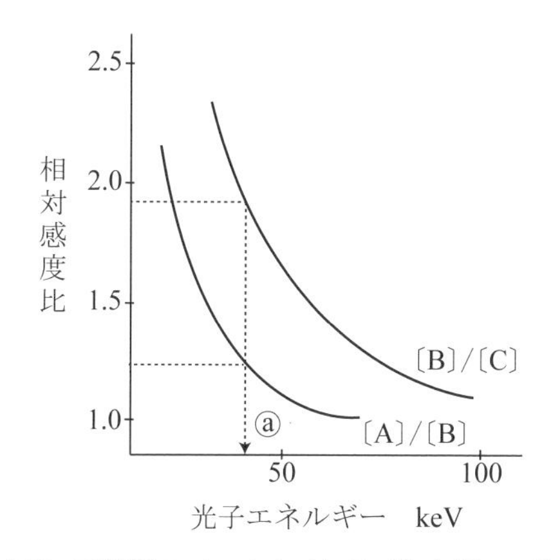

図5.10　三種類のフィルタ（A, B, C）を用いて得られた黒化度の相対感度比と光子エネルギーの関係

フィルムバッジの長所として，①X線，γ線，中性子線を測定可能である，②特別の方法を用いればα線やβ線も測定できる，②測定範囲が広い（0.1 mSv～700 mSv），③記録を永久に保存できる，④使用者の取り扱いが容易である，⑤廉価であること等が挙げられる。一方，短所としては，①線量判定に時間がかかる，②線量の校正が容易でない，③線量－黒化度曲線が直線的でない，④現像条件（温度，時間，現像液など）で非常に黒化が異なる，④方向依存性が比較的大きい，⑤潜像退行（フェーディング）が起こる，⑥照射時の温度特性がある，⑦フィルムに多少の感度の不均一性がある，⑧時間と共にフィルムの感度が劣化する，⑨現像処理で生じる廃液の処理が面倒である等が挙げられる。

フィルムバッジは，以前は放射線業務従事者の被ばく管理に広く用いられていたが，上に挙げた短所が敬遠され，最近は他の線量計（RPLD や OSLD など）に取って代わられている。

7）DIS 線量計

DIS（Direct Ion Storage）線量計は，電子回路によく使われる不揮発メモリー素子の MOSFET（Metal-Oxide-Semiconductor Field-Effect Transistor）を一部改良し，電離箱として動作するようにした線量計である。DIS 線量計の構造を図 5.11 に示す。

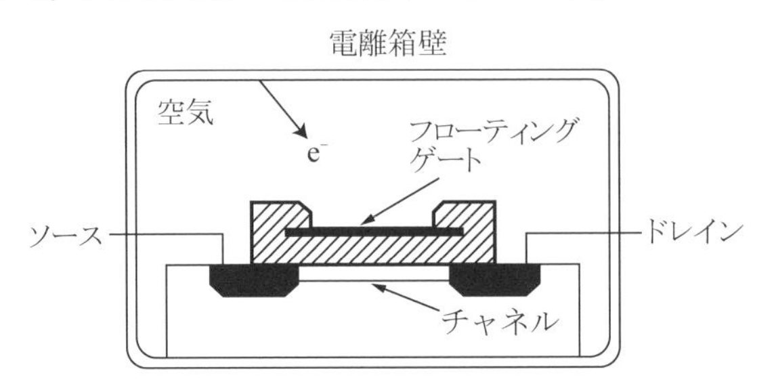

図 5.11 DIS（Direct Ion Storage）線量計の構造

DIS 線量計では，ゲートへの蓄積電荷量により制御されるソース～ドレイン間の電流を検出する。MOSFET のゲートを露出した状態（フローティングゲート）にして，素子全体を内面を導電性にした器壁で囲むことにより，フローティングゲートと器壁との間で電離箱が形成される。あらかじめソースとフローティングゲート間に高電圧を印加して，フローティングゲートに正電荷を蓄積しておく。この状態で放射線照射をすると容器内の空気が電離され，発生した二次電子はフローティングゲートに収集される。その結果，フローティングゲートの正電荷が相殺されて減少し，ソース～ドレイン間に流れる電流が制御される。

DIS 線量計にはディジタルメモリーを内蔵した専用の読取装置があり，まず放射線照射前のドレイン電流の読取値を初期値として記録しておき，照射後の電流値との差から被ばく線量を求める。フローティングゲートの絶縁性は極めて高いため，放射線照射後の蓄積電荷は全く消失せず，同じ素子を繰り返し用いて測定することが可能である。初期化はフローティングゲートに高電圧を印加することで行う。なお，DIS 線量計自体には電源は含まれていない。

DIS 線量計の長所として，①エネルギー特性が極めて良い，②重荷電粒子に対する感度の変化（LET 依存性）が小さい，③比較的感度が高く 1 μSv 単位での測定が可能である，④極めて小さい有感体積（1 mm^3 以下）で測定できる，⑤方向依存性が小さい，といったことが挙げられる。短所としては，機械的衝撃などによる異常や故障が生じやすいという点がある。

8）固体飛跡検出器

固体飛跡検出器として利用される物質の特性を表 5.9 に示す。このうち，CR-39（アリル・ジグリコール・カーボネイト）は，中性子被ばく線量計として市販されている。

また，上述した個人線量計の特性を表 5.10 にまとめる。

表 5.9 各種固体飛跡検出器の原子組成と検出感度

固体飛跡検出器としての物質	原子組成	検出可能な荷電粒子の下限
無機物質		
水晶	SiO_2	100 MeV ^{40}Ar
白雲母	$KAl_3Si_3O_{10}(OH)_2$	2 MeV ^{20}Ne
シリカガラス	SiO_2	16 MeV ^{40}Ar
フリントガラス	$18SiO_2:4PbO:1.5Na_2:OK_2O$	2～4 MeV ^{20}Ne
有機物質		
ビスフェノール A-ポリカーボネート (Lexan,Makrofol)	$C_{16}H_{14}O_3$	0.3 MeV ^{4}He
ポリメチルメタクリレート (Plexiglass,Lucite,Perspex)	$C_5H_8O_2$	3 MeV ^{4}He
セルローストリアセテート (Cellit,Triafol-T,Kodacel TA-401)	$C_3H_4O_2$	1 MeV ^{4}He
セルロースナイトレート (Daicell)	$C_6H_8O_9N_2$	0.55 MeV ^{1}H
アリルジグリコールカーボネート (CR-39)	$C_{12}H_{18}O_7$	～15 MeV ^{1}H
ポリエチレンテレフタレート (Cronar,Melinnex)	$C_5H_4O_2$	36 MeV ^{16}O

表 5.10 線量計の特性比較

個人線量計	フィルムバッジ	ポケット線量計	蛍光ガラス線量計	TLD	OSLD	半導体線量計	DIS 線量計
測定下限値 $H_{1cm}[\mu Sv]$	γ線で 100 X 線で ≧100	10	10	1	10	1	1
線量測定範囲 $H_{1cm}[\mu Sv]$	X 線用 10～7,000 γ線用 100～700mSv	10～1,000 20～2,000 50～5,000	10～30Sv	1～100Sv	10～10Sv	0.01～99.99 1～9.999	1～1,000
エネルギー特性	大	小	中	中	中	中	小
線量記録の保存性	有	無	有	無	有	無	有
着用中の自己監視	不可	可	不可	不可	不可	可	不可
機械的堅牢さ	大	小	中	中	中	中	中
湿度の影響	大	大	小	中	中	中	中
フェーディング	中	大	小	中	小	小	小
繰返し反復使用	不可	可	可	可	可	可	可
使用期間	中期	短期(1 日)	長期	中期	長期	短期	中期
方向依存性	大	小	中	小	中	小	小
その他の特性	現像を必要とし，線量算出が複雑	機械的衝撃で指示値が変化	測定精度は比較的高い	素子の種類が多い	画像情報が得られる	Sv 単位のディジタル表示	測定精度が良好

【例題】 放射線検出器で Mg_2SiO_4:Tb を用いるのはどれか。

1. 半導体検出器
2. 蛍光ガラス線量計
3. 熱ルミネセンス線量計
4. シンチレーション検出器
5. 光刺激ルミネセンス線量計

【解答】 2.蛍光ガラス線量計には銀活性リン酸塩ガラス，5.光刺激ルミネセンス線量計には主に Al_2O_3:C が用いられる。正解は 3（表 5.7 参照）。

【例題】 個人被ばく線量計の装着で誤っているのはどれか。

1. IVR では頭頚部にも装着する。
2. プロテクタの内側に装着する。
3. 原則として男女ともに同じ位置に装着する。
4. 最も多く被ばくすると思われる部位にも装着する。
5. 指の局所被ばく測定にはリングバッジを装着する。

【解答】 法令により，個人線量計の着用部位は，男性については胸部，大多数の女性については腹部と定められている。また，不均等な被ばくの場合には，最も被ばくする可能性のある部位にも着用することとされている。よって，正解（誤っているもの）は 3。

【例題】 放射線治療病室への一時立入者の個人被ばく測定に最も適しているのはどれか。

1. ガラスバッジ
2. ポケット線量計
3. サーベイメータ
4. フィルムバッジ
5. ハンドフットクロスモニタ

【解答】 個人被ばく管理が目的なので，個人線量計を用いるのが適切である。選択肢のうちこれに該当するのは 1.ガラスバッジ，2.ポケット線量計，4.フィルムバッジの三つだが，一時立入者の場合は立ち入り後すぐ線量を確認・記録する必要があるので，リアルタイム測定のできるポケット線量計が最も適している。よって，正解は 2。

5.3.3　内部被ばくの管理

5.3.3.1　内部被ばくの評価

密封された放射性同位元素については体外からの被ばく（外部被ばく）しか想定されないのに対して，放射性同位元素が密封されていない場合，すなわち非密封放射性同位元素については，人の体のなかに取り込まれ，体内からの被ばく，すなわち内部被ばくをもたらす可能性がある。

体外にあるときは特段大きな障害をもたらさない少量の放射性物質でも，体内に侵入すれば，局所的に相当の影響を及ぼすことが想定される。体内に入った放射性物質は，排泄されるまでの期間放射線を出し続け，その周囲の組織は被ばくを受け続けることになる。その被ばく線量（預託等価線量または預託実効線量）は，体内に入った放射性物質が体外へ排泄されるまでの時間で積分することで求められるが，その時間は核種により大きく異なる。

内部被ばくによる線量（Sv）は，成人では放射性核種の摂取時から 50 年間，小児では摂取時から 70 歳までの期間にわたって積分した預託等価線量あるいは預託実効線量によって評価される。これらの線量は，一般に，体内に取り込まれた放射性核種の摂取量（Bq）に線量係数を乗じることで算出する（5.2.1 節参照）。測定の頻度については，放射性同位元素を誤って吸入摂取したときや経口摂取したときは直ちに，放射性同位元素を吸入摂取する，または経口摂取するおそれのある場所に立ち入る人については 3 月を超えない期間毎に 1 回行うこととされている。

内部被ばく線量を評価する方法には，①人体内から出てくる γ 線などの体外計測，②空気中の放射性物質濃度の測定値に基づく計算，③尿や糞便等を試料としたバイオアッセイによる推定等がある。以下，内部被ばく線量の評価に用いられる測定技術について述べる。

5.3.3.2 内部被ばくの測定技術

1）ホールボディカウンタ

人体内に存在する微量な放射性核種の量を体外から計測するのに使われる代表的な測定装置として，ホールボディカウンタ（whole-body counter: WBC）がある。これは，全身に含まれる放射性核種の量やその存在位置を知る目的の装置で，全身放射能計数装置あるいはヒューマンカウンタとも呼ばれる。ホールボディカウンタは，最初は保健物理の分野において放射線障害の研究に主に用いられていたが，最近では臨床の検査機器としても活用されている。

微量な放射性同位元素（数 100 kBq）を人体に投与して，その体内残留量をホールボディカウンタで計測することにより，臓器の吸収や代謝を知ることができる。たとえば，^{59}Fe 吸収による貧血性疾患の診断，^{131}I で標識した脂肪の残留率による消化管吸収障害の診断，また全身の ^{40}K 量の測定値から筋肉の量を知るなど，多くの診断方法が研究されている。
ホールボディカウンタには，NaI(Tl)，プラスチックまたは液体のシンチレーション検出器が用いられ，全身の放射能を一様な感度で検出できるように配慮されている。NaI(Tl) シンチレータを用いる場合，大容積の NaI(Tl) 結晶が得られないため，図 5.12 に示すように，いろいろな幾何学的配置が考案されている。ここで，(a) と (b) は検出器を身体から 1～2 m 離すことによって感度の均一性を計ったもので，(c) は標準椅子法と呼ばれ，距離が近いため感度は高いが均一性に欠ける。(d) は数個の小型検出器で測定を行い，全部の検出器の和を計数することによって一様な感度を得る。(e) と (f) はスリットコリメータを装着して全身を走査し，その

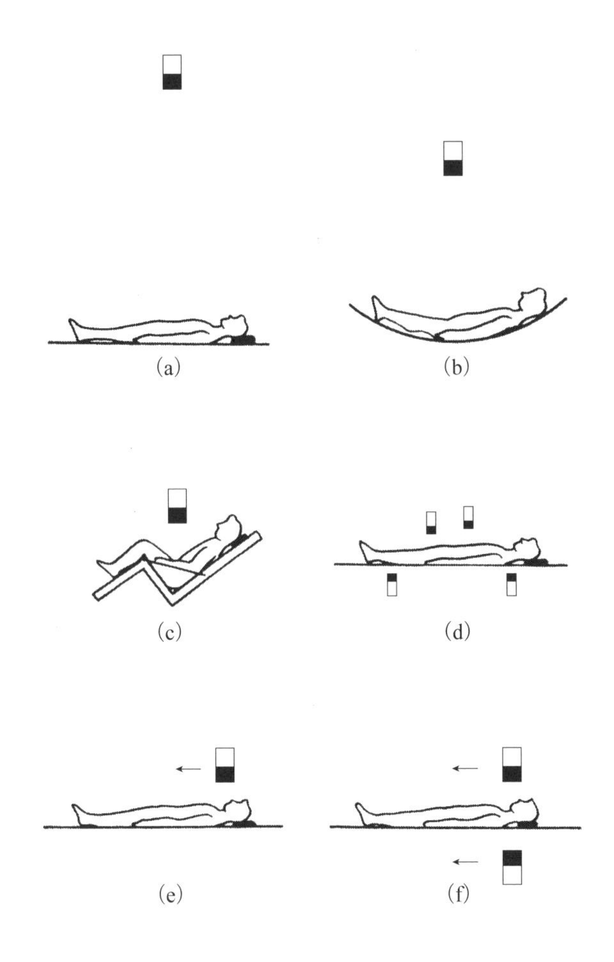

図 5.12 ホールボディカウンタの検出器の配置

計数を積算する方式で，線スキャンニングと類似的なものである。このように NaI(Tl) シンチレータでは幾何学的配置を考慮しなければならないが，波高分析して光電ピークを見出すことによって，γ 線エネルギーの計測から核種の決定ができると同時に，ウインド幅を光電ピークに合すことによって散乱線除去のできる点が特徴である。

一方，プラスチックシンチレータ及び液体シンチレータでは大容積のものが得られるため，図 5.13 に示すように，全身に亘って均一に検出器の配置ができ，しかも全体的に感度を上げることができる，(a) は液体シンチレータの入ったタンクの中に人体を挿入する型式で，4π 測定が可能である。(b) は 50×50×15 cm のプラスチックシンチレータに 4 本の光電子増倍管をとりつけ，ベッドの上下に 4 個ずつ配置した例である。なお，液体やプラスチックは実効原子番号が低いために光電効果の確率が低く，光電ピークを見出すことができない。したがって，エネルギーの分析ができず，核種同定はできない。一方，既知核種であれば，高効率

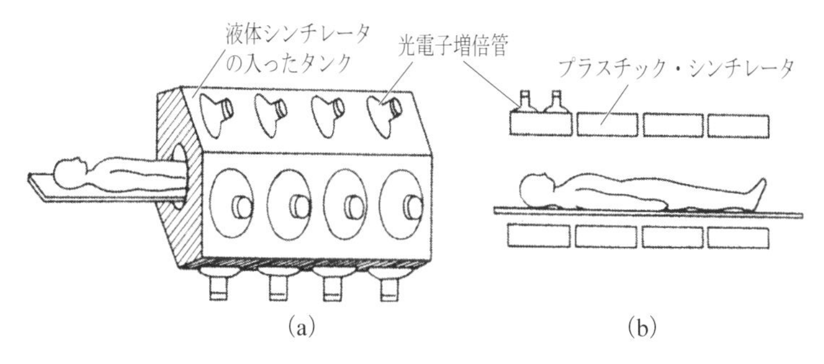

図 5.13 全身放射能計数装置
(a) 液体シンチレータによる全身放射能計数装置
(b) プラスチックシンチレータによる全身放射能計数装置

の測定ができ，NaI(Tl) よりも比較的短い時間で定量ができるという特長がある。

いずれにしても，測定対象が低レベルの放射能であるため，鉛や鉄などの重い金属で測定系全体を厳重に遮へいし自然計数の影響を避けることが重要で，使用する鉄材は放射性同位元素含有量の少ないものを選ばねばならない。低レベルの検出では厚さ 20 cm 程度の鉄材の内側に 2〜3 mm の鉛板を内張りして，測定系全体をこの中に入れるようにしている。

2）液体シンチレーション検出器

β 線を放出する核種を含む（可能性のある）試料を測定するための装置として代表的なものが液体シンチレーション検出器である。トルエンやキシレンなどの溶媒に蛍光体（POP や POPOP など）を混ぜたものの中に β 線試料を溶解すると，試料から放射された β 線のエネルギーは溶媒に吸収され，そのエネルギーの一部が蛍光体を励起して可視光に変換される。この可視光を反射鏡によって集光し，光電子増倍管で受光することで，β 線放出核種の定量を行う。

^{3}H から出る低エネルギー（18 keV）の β 線を測る場合，シンチレータ内での発光は小さく，光電子増倍管の出力も電気ノイズに匹敵するほど小さくなる。そこで相対する 2 本の光電子増倍管の出力パルスを同時計数回路で処理することによって，雑音を除去する工夫がなされている。それでも雑音が偶発同時計数を起こす確率はゼロではないので，これを極力減少さ

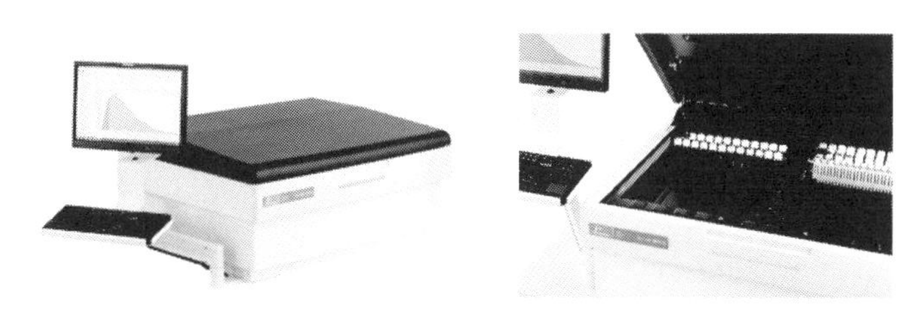

図 5.14 液体シンチレーションカウンタの外観
（提供：(株)パーキンエルマージャパン）

せるために，シンチレータと光電子増倍管をフリーザ内に収容して低温に保持すること等で雑音の発生を抑えることも行われる。こうした測定系を用いることで，空気中でも数 mm の飛程しか持たない低エネルギーの β 線であっても，シンチレータの発光を得て高効率で計測することが可能となる。

図 5.14 に液体シンチレーション検出器の外観を示す。通常，市販の検出器にはオートサンプラーが標準で装備されており，多数の試料を自動で交換しながら測定できるようになっている。

同時計数回路を経たパルスは波高分析器に入るが，β 線のエネルギー分布は連続スペクトルであり，γ 線のように特定のピークを弁別することはできない。そこで全体のパルスを有効に計測するために，上限波高弁別器は β 線最大エネルギー近傍に設定し，下限波高弁別器レベルは熱雑音や電気雑音によるパルスが混入しないように，このレベルよりやや上に設定するとよい。ウインドウを広げると計数率は増すが，雑音などによる自然計数も増すため，最良の S/N 比を選ばねばならない。たとえば，試料が着色したり蛍光体の発光を妨げるような作用が働くと，蛍光の消光作用により出力波高は全体的に低くなり，図 5.15 の点線に示すように β 線スペクトルは低エネルギー側に変位する。

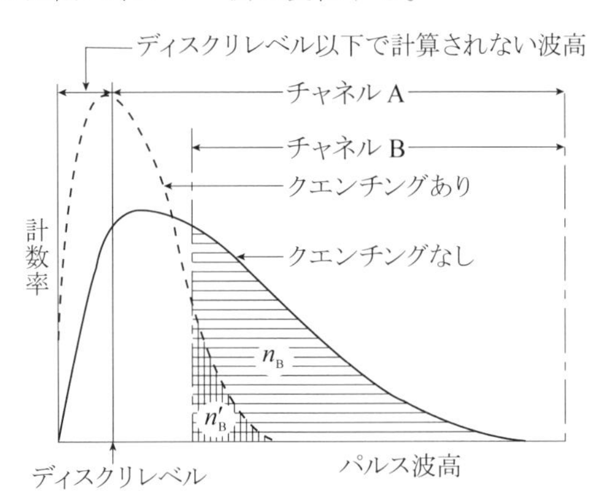

図 5.15 クエンチングによるβ線スペクトルの変位

クエンチングの種類としては，化学クエンチング，酸素クエンチング，色クエンチング，濃度クエンチングなどがあげられる。化学クエンチングは放射線吸収エネルギーが溶質に移行する前に特定の化学基に吸収され発光量が低下することに起因する。酸素クエンチングは一種の化学クエンチングであるが，溶存酸素量が多いほど種々の化学反応が活発となり，発光に寄与するエネルギー量が低下し，消光が起こる現象である。また，色クエンチングは蛍光の発光スペクトル域に吸収スペクトルを有する物質がシンチレータ溶液に存在すると蛍光は吸収され消光される。たとえば，青系統の発光をする場合は，黄赤色の着色物質に注意しなければならない。濃度クエンチングは，一般に溶質濃度が増加していくと発光量の低下を起こす現象をいう。いずれのクエンチングが起こっても，計数効率が低下するため，補正をしなければならなくなる。

クエンチングの補正法には，①内部標準法，②試料チャネル比法，③外部標準計数法，④外部標準チャネル比法などがある。内部標準法は，試料のみの計数率 n_1 を計測した後，壊変率 S〔Bq〕の標準試料を加えて計数率 n_2 を計測すると，計数効率 η が $\eta=(n_2-n_1)/S$ として求まり，放射能 A は $A=(n_1-n_b)/\eta$〔Bq〕により求まる。ここで，n_b は自然計数率である。試料チャネル比法は，クエンチングにより β 線スペクトルが低エネルギー側に変位する現象を利用した補正法である。外部標準法は内部標準体の代りに，試料容器の外部に ^{226}Ra，^{137}Cs，^{133}Ba などの比較的半減期が長く，かつ，中エネルギー程度の γ 線源を装備し，試料に照射すると，試料溶液の中で起こるコンプトン効果により反跳電子が発生する。このコンプトン反跳電子は γ 線エネルギーを E としたとき，$2E^2/(2E+m_0c^2)$ を最大値として 0 まで連続分布するから，ちょうどこのようなエネルギーをもった β 線源を試料溶液に入れたと同じ振舞いをすることになる。図 5.16 はコンプトンスペクトルがクエンチングにより変位する模様を示したもので，チャネル B と C の計数率の比から計数効率を求め，チャネル A の計数率をこの計数効率で補正することにより，正しい計数率を求める。

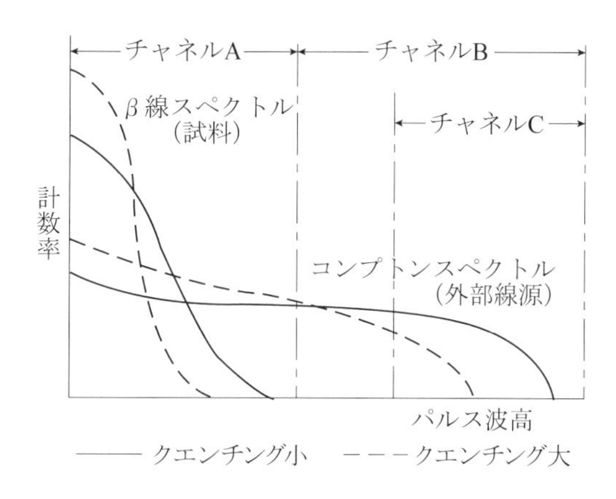

図 5.16 外部標準チャネル比法のチャネル設定

3）ウェル型シンチレーションカウンタ

人体の排泄物（尿やふん便）や血液などの放射能を計測するために，図 5.17 のように NaI(Tl)結晶の中央に，ちょうど試験管が入る程度の孔をあけ，その中に試料を入れて測定すると，幾何学的効率の高い測定ができる。これをウェル(well)型あるいは井戸型シンチレーションカウンタと呼ぶ。

放射性物質の絶対測定をするには 4π または 2π 計数管があるが，日常業務に用いるには扱いが面倒であるため，一般には比較測定によって放射能の測定を行う。これはウェル型シン

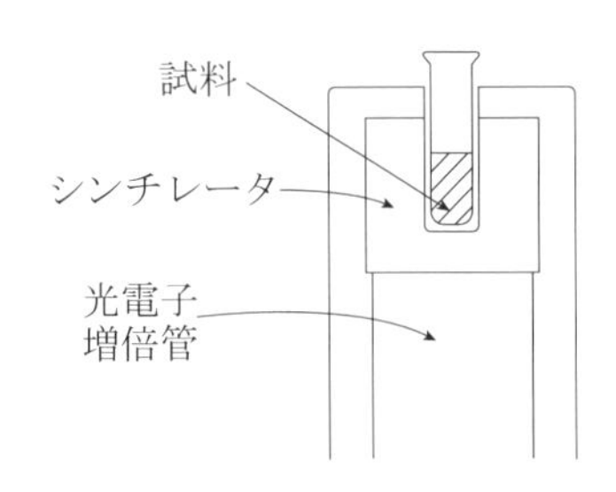

図 5.17 試料測定用ウェル型シンチレーション検出器の構造

チレーションカウンタなどを使用して，放射能の既知である標準線源と全く同じ幾何学的条件のもとに試料の測定を行う。そして自然計数を差し引いた正味の計数率の比から，放射能を求めることができる。

これを用いての試料測定には，in vitro による ^{131}I-T$_3$ レジン摂取率の測定を初めとして，循環血液量，鉄代謝，赤血球寿命計測，免疫アッセイなど幅広い検査が行われている。また数多くの検査試料を自動的に計測するために，自動ウェル型カウンタ(auto well scintillation counter)が用いられ，測定試料は自動的に交換されると同時に，測定結果は電子計算機で計算処理され，自動的に印字されるようになっている。図 5.18 にその一例を示す。

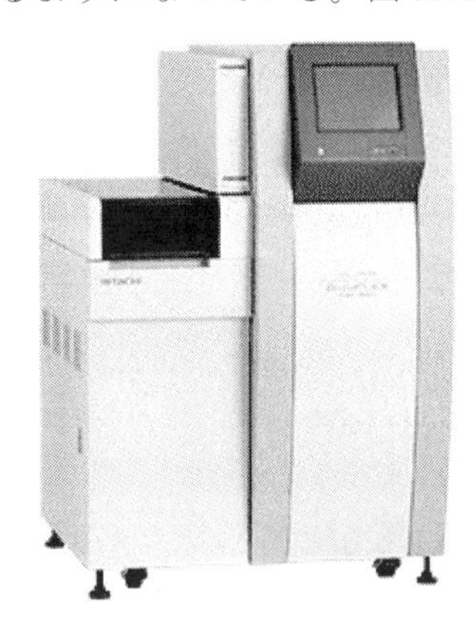

図 5.18 オートウェルカウンタの外観
（提供：(株)日立製作所）

4）ウェル型電離箱

比較的大容量の試料やミルキングで抽出された放射性物質の放射能を定量するための測定装置として，ウェル（井戸）型電離箱がある。この装置は，その用途から，キュリーメータ(Curie meter)と呼ばれることもある。ミルキングで抽出された放射性同位元素の放射能レベルはかなり高くなるため，GM 計数管や NaI(Tl)シンチレーション検出器等では感度が高過ぎて計測できない。そこで最も感度の低い計測器である電離箱を用いる。これは井戸型の穴の周囲が円筒状の電離箱になっていて，電離電流は直流増幅され，メータは核種別にレンジを切換えて Bq 単位で表示するようになっているため，放射能の概数を知るのに便利である。測定範囲はおよそ 10 kBq～40 MBq で 30 keV～2 MeV の γ 線の測定が可能である。

5）ペーパークロマトスキャナ

放射性同位元素で標識した血液などの標識化合物の分析を行うもので，通常のペーパークロマトグラフ法により，これらの標識化合物をろ紙の上に展開すると，ろ紙に対する溶媒相の移動度の違いから，各成分毎にろ紙上に距離の差として分離されてくる。これを乾燥後，図 5.19 に示すような，相対したガスフロー計数管の間を移動させると，スリットを通して入射する放射線を検出し，各部分での放射能強度を知ることができる。検出器には 2π または 4π ガスフロー計数管を用い，入射窓を薄くすることによって，^{3}H や ^{14}C のような低エネルギー β 線核種の分布を知ることもできる。計数管の出力は計数率計を経て記録計に入力され，ろ紙がモーターで自動送りされるタイミングで同期させると，記録紙の上に放射性同位元素分布図を得ることができる。この他，シリカゲル薄層板に展開した薄層クロマトスキャナも同様の原理で用いられる。

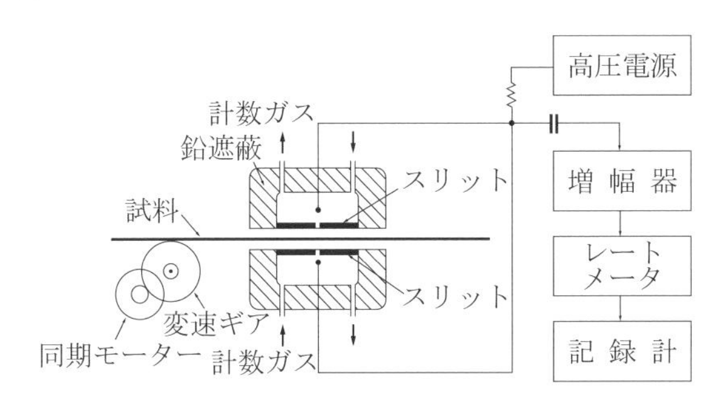

図 5.19 クロマトスキャナの原理

【例題】 内部被ばく測定で正しいのはどれか。

1. 同位元素を取扱う場合に測定する。
2. バイオアッセイ法は尿中に排泄される放射性同位元素を測定する。
3. 被ばくのおそれがある場合には 1 年を超えないごとに 1 回測定する。
4. 物質の摂取量を実効線量係数で除した値が内部被ばく実効線量である。
5. 摂取された放射性同位元素が α 線を放出する場合はホールボディカウンタを用いる。

【解答】 1.及び 3.内部被ばくの測定は，放射性同位元素を誤って吸入摂取したときまたは経口摂取したとき，および放射性同位元素を吸入摂取するまたは経口摂取するおそれのある場所に立ち入る者については 3 月を超えない期間毎に 1 回行うこととされている。4.放射性物質の摂取量（Bq）に実効線量係数を乗じた値が内部被ばく実効線量になる。5.一般にホールボディカウンタはγ線の測定（γ線放出核種の定量）に用いられる。正解は2。

5.4 場所の管理のための測定技術

5.4.1 場所の管理に係る基準

放射線を取扱う施設（以下「放射線施設」という。）等においては，作業を行う場所およびその周辺環境において放射線の測定（モニタリング）を定期的にかつ系統的に行い，その測定結果に基づいて必要な対策を指示するなどして安全の確保に努めなければならない。

具体的には，以下のような対応が求められる。

・外部被ばくに備えて，放射線施設場所内外の放射線の空間線量率を常時測定する。

・内部被ばくに備えて，放射線施設を含む環境中における空気あるいは水等の放射性物質濃度を測定する。また，放射線施設内の汚染の状況を測定する。

・測定結果を判断解釈して，放射線防護上の処置を施す。

場所の管理に関しては，以下のような基準が法令（RI規制法）で定められている。

1）施設内の常時人の立ち入る場所

・週当たりの実効線量が1 mSv；通常1 mSv/40時間

・空気中濃度について1週間の平均が告示別表第2の第4欄に揚げる濃度

・汚染密度が表面密度限度；α放出核種で4 Bq/cm^2，β・γ放出核種で40 Bq/cm^2

2）管理区域の境界

・3月間の実効線量が1.3 mSv；通常1.3 mSv/500時間

・空気中濃度について3月間の平均が告示別表第2の第4欄に揚げる濃度の1/10

・汚染密度が表面密度限度の1/10；α放出核種で0.4 Bq/cm^2，β・γ放出核種で4 Bq/cm^2

3）病院または診療所の病室

・3月間の実効線量が1.3 mSv

4）事業所の境界

・3月間の実効線量が250 μSv

・排気(排水)中濃度について3ヶ月の平均が告示別表第2の第5欄(第6欄)に揚げる濃度

上記の基準値に加え，常時人の立入る場所及び管理区域境界における空気中濃度，常時人の立入る場所及び管理区域から持ち出す物の汚染密度，排気口または排水口における濃度についての限度が法令で定められている．それらを表5.11にまとめる。

ここで，管理区域とは，上記2)の基準を超える恐れのある場所のことで，その外側へ汚染を広げないため，また，事業所内の放射線業務従事者以外の人に対して防護を行うために設定される。通常，放射線レベルが最大となるような取扱いを行った場合でも上記2)の基準より十分低い場所に境界を設ける。境界は，建物の外壁，部屋の仕切り壁，など境界が明確な

表 5.11　場所に関する限度

場所 ＼ 区分	外部放射線の線量当量	放射性同位元素の濃度	表面汚染密度
施設内の常時人の立ち入る場所	実効線量で 1 mSv/週	1 週間の平均濃度が告示別表の空気中濃度限度	α核種：4 Bq・cm^{-2} α線を放出しない核種：40 Bq・cm^{-2}
管理区域の境界	実効線量で 1.3 mSv/3 月	3 月間の平均濃度が告示別表の空気中濃度限度の 1/10	α核種：0.4 Bq・cm^{-2} α線を放出しない核種：4 Bq・cm^{-2}
病院または診療所の病室	実効線量で 1.3 mSv/3 月		
工場または事業所の境界及び工場または事業所内で人が居住する区域	実効線量で 250 μSv/3 月		
排気口，排水口		排気・排水の 3 月間の平均濃度が告示別表の濃度限度	

場所とする。また，柵などで境界を設定する場合もある．管理区域の境界には，所定の標識を付け，必要な注意事項を掲げる。

野外で放射性物質を使用する場合，法的には使用施設の規制は適用されない。したがって管理区域を作って，放射線防護に係る措置を施す。

測定の頻度については，放射線レベルおよび汚染状況の測定は作業を開始する前に 1 回，開始した後は 1 月を超えない期間毎に 1 回行うこととされている。なお，密封された放射性同位元素または固体された放射線発生装置を取扱う場合で，取扱方法や遮へいが変わらない場合は，6 月を超えない期間毎に 1 回とされている。測定には，サーベイメータやエリアモニタなどがある。それらの測定器について次節で概説する。

【例題】 医療法施行規則で定める場所と実効線量限度の組合せで正しいのはどれか。

1. 一般病室　…………………………………　250 μSv/3 月
2. 病院の居住区域　…………………………　1 mSv/年
3. 管理区域の境界　…………………………　1 mSv/3 月
4. 病院の敷地の境界　………………………　250 μSv/3 月
5. 放射線治療病室の画壁の外側　………　1.3 mSv/週

【解答】 1.一般病室における基準は 1.3 mSv/3 月，2.病院の居住区域においては 250 μSv/3 月，3.管理区域の境界においては 1.3 mSv/3 月，5.放射線治療病室の画壁の外側においては 1 mSv/週。正解は 4。

5.4.2　サーベイメータ

放射線防護の実践においては，線量計を用いて個人線量を確認・記録するだけでなく，施設内の線量率分布を適宜正確に把握し，不必要な被ばくを避けることも重要である。その目的に沿って広く使われている測定器の一つにサーベイメータがある。

サーベイメータは，放射線施設の管理区域内外での線量率の空間分布を把握するために用いられ，携帯に便利なように小型でバッテリー（乾電池）駆動型になっている。ただし，直流の高電圧を必要とするため，乾電池の直流低電圧を発振回路でいったん交流に変換し，変圧器で昇圧したのち整流して，直流高電圧を得る方式が採られている。測定単位は，多くの場合 1 cm 線量当量であるが，飛程のごく短い放射線を測るような場合には 70 μm 線量当量を測ることもある。指示値は，一般に〔μSv/h〕または〔mSv/h〕単位で表示されるようになっている。

多くのサーベイメータには，時定数〔s〕の切り替えスイッチが装着されている。これは，時定数の短い状態で微弱な放射線を測定すると，指示値の変動が激しくなって安定しないという問題が生じるからである。このような場合には，適宜時定数を長く設定することにより，安定した指示値を得られるようにする。ただし，時定数を長くするほど指示値が最終到達値で安定するまでの時間も長くなるため，短時間で読み取ろうとすると大きな誤差を生じることになる。これを防ぐため，設定した時定数の 3 倍以上の時間をかけて読み取ることが肝要である。

サーベイメータは，その原理によって，電離箱式，GM 計数管式，比例計数管式，シンチレーション式，半導体式に分類される。これらは，測定対象となる放射線（X，γ 線，β 線，α 線，中性子線）やその強度に応じて使い分けられている。以下に各サーベイメータの特徴について概説する。

1）電離箱式サーベイメータ

電離箱式は一般的には X，γ 線の測定に適し，感度は悪いが，エネルギー特性が良好であるため，線量当量の測定には最適である。感度が悪いため電離箱の容積を大きくして，感度低下を補うと共に，電極構造を工夫することによって，電離箱の感度曲線を 1 cm 線量当量換算係数曲線に合致させるようにした，いわゆる 1 cm 線量当量対応型サーベイメータとして市場に出ている。したがって，この場合には指示値を直読すればよいことになる。一方，もしも電離箱式サーベイメータで α，β 線を測定する場合には，電

図 5.20　電離箱式サーベイメータの外観
（提供：(株)応用技研）

離箱壁の一部を極めて薄い膜で作った電離箱があり，この部分から α 線，β 線を入射させると測定することは可能である。しかし，これは特殊な形式のものである。測定範囲は 1 μSv/h～300 mSv/h 程度である。電離箱式サーベイメータの一例を図 5.20 に示す。

2）GM 計数管式サーベイメータ

GM 計数管式は X，γ 線並びに β 線の測定に適している。感度は電離箱式よりは良く，シンチレーション式より悪いという，ちょうど中間程度の感度を有している。また，エネルギー特性も電離箱式より悪いが，シンチレーション式よりは良好という，これも中間程度にある。端窓型で円筒形状の GM 計数管を使用しているため，β 線はそのままの状態で測定すればよいが，X，γ 線を測定するときには，付属しているアルミニウムキャップを端窓部に被せて使用するとよい。GM 計数管式サーベイメータを使用するときに注意しなければならないことは窒息現象である。多くの放射線測定器では大線量を照射したときの指示値は線量増加と共に飽和していくことが多いが，GM 計数管は窒息型であり，大線量が照射されると指示値はほとんど 0 になってしまう。したがって，線量率の高い場所で動作させると指示値は 0 となり，線源から離れていくにしたがって，指示が始まるといった現象が見られるから，高線量率の場所での使用には十分に注意しなければならない。測定範囲は 0.3～300 μSv/h 程度である。GM 計数管式サーベイメータの一例を図 5.21 に示す。

図 5.21 GM 管式サーベイメータの外観
（提供：(株)日立製作所）

3）シンチレーション式サーベイメータ

シンチレーション式はシンチレータの種類を替えることによって，種々の放射線の測定ができる。X，γ 線には NaI(Tl) シンチレータが好適で，極めて高い感度を有している。原因は I 原子の原子番号が 53 と高く，X，γ 線の光電効果が顕著に起こり，吸収エネルギーが大きくなるためである。しかし，このような高原子番号のためにエネルギー特性が極めて悪いという欠点を伴う。シンチレーション式はシンチレータが発光した光エネルギーを，光電子増倍管で電気信号に変換して増幅する方式になっている。

光電子増倍管は真空中の管内を電子が走行するため，これに外部から強い電界や磁界が加わると，管内の電子軌道が乱れ増幅に影響する。したがって，強い電界や磁界を避けることが必要となる。もちろん，電界，磁界の遮へいされた方式のものもある。測定範囲はバックグラウンドレベルから 30 μSv/h 程度で，X，γ 線用サーベイメータの中では最も高感度である。

β 線測定にはプラスチックシンチレータが好適である。β 線は高原子番号物質に照射されると阻止 X 線を放射するため，プラスチックのような低原子番号のシンチレータが測定には適している。また，α 線測定には ZnS(Ag) シンチレータが適している。

ZnS(Ag) は極めて発光効率の高いシンチレータではあるが，光透明度が悪いという欠点をもっている。そこで，光電子増倍管の前面に薄い層で塗布することにより光透明度は問題にならなくなり，飛程の極めて短い α 線の測定には都合がよいことになる。

LiI(Eu) シンチレータは熱中性子との相互作用で ^{6}Li（n，α）^{3}H 反応を起こし，発生した α 粒子と ^{3}H の電離量を測定することによって，中性子測定用シンチレータとして利用される。また，ZnS(Ag) とルサイトの混合体は，ホニャック・ボタンと呼ばれ，速中性子のシンチレータとして利用される。これは速中性子がルサイトに多量含まれる水素原子と弾性衝突する結果，放出された陽子により ZnS(Ag) が発光するように工夫されたシンチレータである。シンチレーション式サーベイメータの一例を図 5.22 に示す。

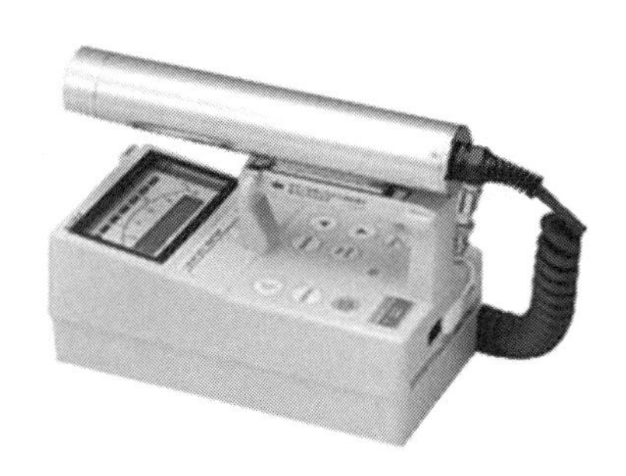

図 5.22 シンチレーション式サーベイメータの外観
（提供：(株)日立製作所）

4）比例計数管式サーベイメータ

比例計数管は比較的，中性子線測定によく使用される。代表的な測定器は BF_3 計数管で，BF_3 ガスに含まれる ^{10}B 原子と熱中性子との ^{10}B（n，α）^{7}Li 捕獲反応で放出された，α と ^{7}Li の電離量を比例計数管で測定するもので，熱中性子の代表的な測定器として広く使用されている。一方，速中性子の測定器として，Hurst 型比例計数管がある。これは比例計数管の中にポリエチレンやパラフィンなどの含水素物質を入れたり，内面に被覆することにより，速中性子と水素原子との弾性衝突で放出された陽子の電離量を，比例計数管で計測する方式のものである。

中性子は熱中性子と速中性子によって物質との相互作用が全く異なるため，両者を一つの測定器で計測することは原理的に困難であるが，これを可能にしたものにロングカウンタ（long counter）がある（3.7.2 節参照）。これは BF_3 計数管の周囲を水素を多く含むパラフィン等の減速材で覆うことにより，速中性子のエネルギーを水素原子との度重なる弾性衝突により減少させ，熱中性子に近づける。一方，熱中性子は直接に BF_3 計数管に達するように，数個の入射口を減速材に開けておく。このような工夫により，熱中性子から速中性子にわたる広いエネルギー範囲の中性子計測が可能になる。

このロングカウンタの原理を利用したサーベイメータにレムカウンタがある。これはサーベイメータの感度曲線を，中性子フルエンスから線量当量への換算係数曲線に合わせるような工夫をすることによって，中性子のエネルギーが明確でないような場においてもその線量を測れるようにしたもので，放射線管理の現場で広く使われている。レムカウンタの一例を図 5.23 に示す。

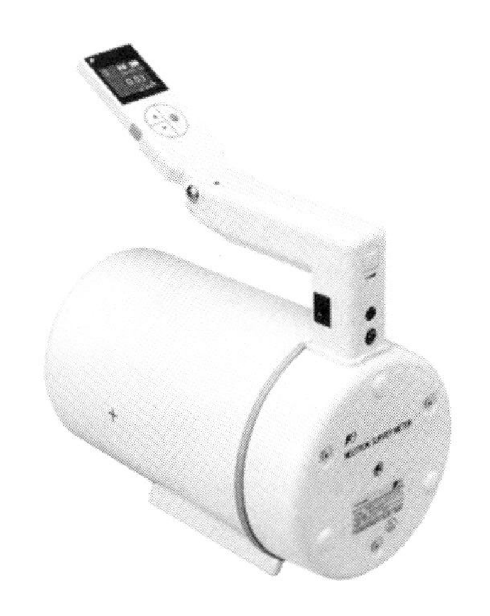

図 5.23 レムカウンタの外観
（提供：富士電機(株)）

5）半導体式サーベイメータ

半導体式サーベイメータは，非常に小型軽量で持ち運びやすいという特長がある。測定対象として X，γ 線以外に α，β 線用のものも市販されている。

X，γ 線用には，pn 接合型のシリコン半導体素子が検出器に使用され，1 cm 線量当量率が mSv/h または μSv/h 単位でディジタル表示で直読できるようになっている。ポケットにも入るくらい非常に小型で軽量化され，測定できる線量率範囲は 1 μSv/h～99.99 mSv/h と比較的広範囲にわたり，測定レンジも自動的に切り替わるように工夫されている。また，エネルギー特性は低エネルギー領域ではあまり良くないが，70 keV～1.5 MeV のエネルギー範囲で±30%が維持されている。ちょうど電離箱式よりは悪いが，シンチレーション式よりは良好といえる。

一方，α，β 線用としては，入射面が薄い表面障壁型シリコン半導体検出器が使用されている。有効入射面は，β 線用では約 45 mm ϕ，α 線用では約 70 mm ϕ と大口径のものがある。いずれも 0～100 kcpm と広範囲の計数率での測定ができる。表示はアナログとディジタルの両方が可能で，形は GM 計数管式やシンチレーション式と同じような手持型である。

上述したサーベイメータの特性（検出部と測定対象）を表 5.12 にまとめる。

表 5.12　各サーベイメータの特性

種類	検出部	対象となる放射線
GM 管式サーベイメータ	端窓型 GM 管 横窓型 GM 管 円筒形 GM 管	X 線，β 線，γ 線
BF_3 計数管式サーベイメータ	BF_3 計数管	速中性子，熱中性子
比例計数管式サーベイメータ	ガスフロー比例計数管	α 線，β 線，γ 線
	Hurst 型比例計数管	速中性子
シンチレーション式サーベイメータ	NaI(Tl) シンチレータ	γ 線
	プラスチックシンチレータ	β 線
	プラスチック ZnS(Ag)＋ルサイト，LiI シンチレータ	速中性子，熱中性子
	ZnS(Ag)，CsI(Tl) シンチレータ	α 線
電離箱式サーベイメータ	電離箱	X 線，γ 線，(α，β 線)
半導体式サーベイメータ	PN 接合型 Si 半導体検出器	X 線，γ 線
	表面障壁型 Si 半導体検出器	β 線，α 線

管理区域内外においてサーベイメータを用いてモニタリングを行う場合，そのエネルギー特性を理解しておくことは非常に大切である。なぜなら，場所の管理で測定対象となる放射線のほとんどは散乱線で，そのエネルギーは不明なことが多いため，放射線エネルギーによっては測定器の感度が大きく変化し，大きな誤差を生じ得るからである。

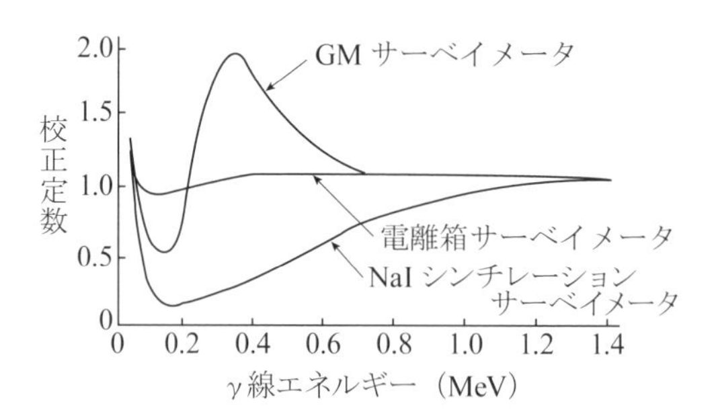

図 5.24　γ線用サーベイメータのエネルギー特性

よって，測定にあたっては，あらかじめサーベイメータのエネルギー特性をよく調べ，測定対象の放射線に最も適合した測定器を選択することが肝要である。X，γ 線用サーベイメータのエネルギー特性を図 5.24 に示す。この図より，光子に対するエネルギー依存性は，特に低エネルギー領域において顕著に現れ，その現れ方はサーベイメータの種類によって異なることが分かる。

上述のサーベイメータの特性を表 5.13 に比較形式でまとめる。

表 5.13　各種サーベイメータの特性

放射線測定器 / 特性	電離箱式サーベイメータ	GM 管式サーベイメータ	半導体式サーベイメータ	シンチレーション式サーベイメータ	比例計数管式サーベイメータ
エネルギー特性	良好	電離箱より劣る	電離箱より劣る	GM 管式より劣る	GM 管式と同等
線量直線性	良好	電離箱より劣る	良好	最も悪い	GM 管式と同等
最低検出線量(率)	0.03 μC/kg・h	数 nC/kg・h 程度	1 μSv/h	BG 程度	10 n/cm²・s 程度
方向特性	良好	電離箱より劣る	同左	同左	同左
線量率特性	良好	高い線量率は不可	良好	GM 管式より悪い	GM 管式と同等
特記事項	高線量率の測定に可	高線量率測定には向かない	小型軽量でディジタル表示	高線量率測定には不向	中性子粒子束密度測定用に可

5.4.3　エリアモニタ

放射性同位元素を使用する放射線施設では，放射性同位元素の異常漏洩を監視するために，使用施設や管理区域の内部，さらには施設の敷地境界線などに放射線計測器を設置して連続測定する設備を設ける必要がある。これをエリアモニタという。これらの測定器は放射線管理室に設置された中央監視装置にケーブルで接続され，施設全体のデータが一カ所で監視できるようなシステムになっている。そして施設のどこかで放射線事故が起こり，漏洩放射線の線量レベルが一定値を超えると，ブザーやランプなどにより警報を発し，事故区域を特定するシステムになっている。監視対象は放射性同位元素の漏洩であるから，測定器は γ 線用と中性子用の二種類に分けられる。

1）γ 線用エリアモニタ

γ 線用エリアモニタに使用される測定器としては，電離箱，GM 計数管，NaI(Tl) シンチレーション検出器，比例計数管，Si 半導体検出器などがある。電離箱は，エネルギー特性は良好である一方，一般に感度が悪いため，数 100 ml 以上の大容積の検出部を持たせることなどにより，0.1 μSv/h 程度の低線量率でも測定できるよう工夫されている。GM 計数管，比例計数管，Si 半導体検出器は比較的高感度で，0.01～10^3 μSv/h の線量率を測定できる。10^{-4} μSv/h の非常に低い線量率に対応できるものもある。この中でも NaI (Tl) シンチレーション検出器は最も高感度（0.01 μSv/h～）だが，エネルギー特性が悪いことから，数 100 keV 以上の比較的エネルギーの高い γ 線の測定に限定して用いられる。可搬型の γ 線用エリアモニタの一例を図 5.25 に示す。

2）中性子用エリアモニタ

中性子を測定対象としたエリアモニタには，^{3}He 比例計数管やパラフィンモデレータ付きの BF_3 比例計数管が一般に使用される。^{3}He 比例計数管は ^{3}He（n，p）^{3}H 反応を利用した測

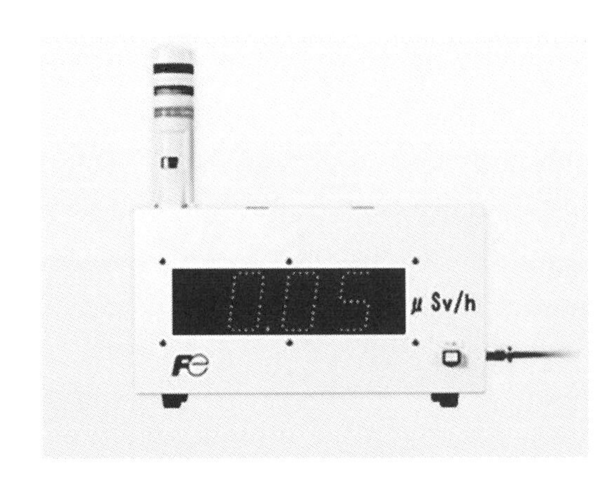

図 5.25 γ線用エリアモニタ（提供：富士電機(株)）

定器で，反応で放出された陽子と ^{3}H による電離の量を比例計数管で測定するものである。パラフィンモデレータ付 BF_3 比例計数管は，速中性子がパラフィンに多く含まれる水素原子との弾性衝突によりエネルギーを失い熱中性子になったものを，^{10}B（n，α）^{7}Li 反応を利用して測定するものである。測定範囲は通常 0.01～10^4 μSv/h 程度である。

5.4.4　その他の管理用測定器

サーベイメータとエリアモニタ以外にも，用途に応じた放射線管理用測定器が開発，使用されている。そのうちのいくつかを以下に挙げる。

1）床モニタ

床などの表面汚染状態を測定するもので，フロアモニタと呼ばれる。横窓型 GM 計数管，大面積の端窓型 GM 計数管，比例計数管などが用いられ，手押車に装着して測定を容易にしている。測定対象としては α，β，γ 線の測定が可能である。

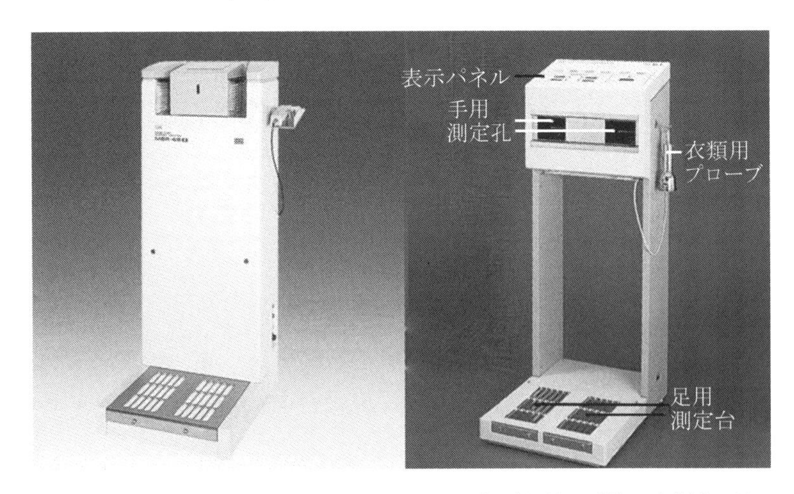

図 5.26 ハンド・フット・クロスモニタの外観（提供：(株)日立製作所）

2）手足・衣服用モニタ

ハンド･フット･クロスモニタと呼び，管理区域の出入口に設置して，作業者の手足や衣服の汚染を測定検査する。検出器には，比例計数管，GM 計数管，ZnS(Ag)シンチレーションカウンタなどが用いられる。アラーム機能（一定の設定値を超えると赤ランプがついたり警報が鳴ったりする機能）を持ったものがある。ハンド･フット･クロスモニタの一例を図 5.26 に示す。

3）空気中放射能濃度計測

空気中の放射性物質濃度を調べるために，放射線施設内の空気を連続的に吸引して，空気中の汚染を調べる。塵埃の採取には，

①水盤またはガムドペーパー法

②ろ紙式集塵器

③空気集塵器

④インピンジャ(inpinger)

⑤インパクタ(inpacter)

⑥熱式集塵器(thermal precipitater)

などが用いられる。集塵された試料から出る放射線を，GM 計数管(β，γ)，比例計数管(α)，シンチレーションカウンタ(α，β，γ)などで測定する。

4）水中放射能濃度計測

水中の放射能濃度を調べるには，水試料をサンプリングして行う方法と，排水モニタで連続測定する方法がある。排水モニタは，排水管などに固定して放射能濃度が一定値以上になったときに警報を発するもので，これには，液浸型シンチレーション検出器や液浸型 GM 計数管などが用いられる。

【例題】 測定機器と測定対象の組合せで正しいのはどれか。

1. レムカウンタ ……………………………… 排液中の放射性同位元素濃度
2. フリッケ線量計 …………………………… 個人被ばく線量
3. 固体飛跡検出器 …………………………… 排気中の放射性同位元素濃度
4. GM サーベイメータ ……………………… 作業台の表面汚染密度
5. ハンドフットクロスモニタ ……………… 管理区域内の空間線量率

【解答】 1.レムカウンタは中性子測定に用いる。2.フリッケ線量計は高線量の測定に用いられ個人被ばく線量計には適さない。1.及び 3.排気中や排液中の放射性同位元素濃度計測にはシンチレーションカウンタがよく用いられる。5.ハンドフットクロスモニタは管理区域に出入りする人の手足や衣服の汚染を測るのに用いる。正解は 4。

5.5　緊急時における計測

5.5.1　緊急時の措置

放射線事故が発生したときには，次の三つの原則にしたがって臨機の措置をとる。

1）安全の保持：生命および身体の安全を第一と考え，物品財産の損害は第二とする。人命救助をすべてに優先する。

2）通報：付近にいる者および放射線管理担当者に速やかに，かつ，簡潔明瞭に関連の情報を知らせる。通報の内容は，①事故発生時刻および場所，②事故の種類（被ばく，汚染，火災，爆発事故など），③その状況（死傷者の有無，拡大性の有無など），④自分の氏名，所属，電話番号などである。

3）汚染拡大の防止：初期に拡大防止の手段を講ずる。次に，作業の安全を確認したうえで，汚染発生原因の同定，汚染拡大要因の除去，汚染個所の密閉，汚染の漏えい防止の順に措置を施す。具体的には，

・汚染の可能性がある場所の放射線レベルを測る；
・倒れた放射性物質の容器を起こす；
・こぼれた放射性液体の上に吸収材やビニール布を敷く；
・扉に目ばりをする；
・ダンパー（換気調節板；全開で最大換気，全閉で換気ゼロ）を停止する

等の措置がある。ただし，どのような措置が適切かは状況によって異なることに注意を要する。たとえば，煙が充満しかつ放射能汚染の程度が低い場合のように，換気を止めない方がよい状況も想定される。

なお，放射線業務従事者（原則として女子を除く）が緊急作業を行う場合の線量限度は，2015 年度までは，実効線量について 100 mSv，眼の水晶体の等価線量について 300 mSv，皮膚等の等価線量について 1 Sv とされてきたが，2011 年 3 月の東京電力福島第一原子力発電所事故の発生を受けて，原子力規制委員会等において緊急作業に係る線量限度の見直しが審議され，その結果を受けて，厚生労働省は，特例緊急被ばく限度として実効線量についての限度値を 250 mSv に引き上げることを特例省令により定め，2016 年 4 月より施行した。

5.5.2　緊急時の計測方法

放射線事故により放射線障害をもたらすおそれの被ばくが生じた場合，二次的な被ばくをできるだけ防ぐと共に，迅速に被ばくのレベルを同定して，適切な医療措置を施す必要がある。具体的には，以下のような対応が求められる。

・GM 管式サーベイメータやスミア法などを用いて皮膚や衣類の表面汚染を確認する；
・傷口に汚染があれば，直ちに温流水で洗い流す；
・傷口をテープなどで覆い，当該箇所が汚染されないようにする；

・皮膚の汚染は湿式除染（流水や中性洗剤を浸した布など）で除去する；
・汚染された衣服等はビニール布に包み処理する（表面密度限度の10分の1以下であれば管理区域へ持ち出してよい）；
・被ばくした者が個人線量計を装着している場合は，その値から外部被ばく線量を評価する；
・個人線量計が無い場合，施設内の放射線モニタリングデータと本人の行動記録から，外部被ばく線量を評価する；
・放射性ガスやダスト濃度の測定を行い，身体に吸入摂取された放射性物質の量を同定し，内部被ばく線量を評価する。

放射線の線量や放射性物質の量を同定するために，本書で紹介・説明した種々の測定装置や線量計が利用される。加えて，歯や骨などの生体試料に含まれる放射線照射由来のフリーラジカル（不対電子）をESRスペクトロメータで測定したり，携帯していた電子機器や装飾品のOSLを測定したりすることも行われる。中性子被ばくの可能性がある場合には，人体や衣類，携帯物の放射化のレベルを測定し，線量を評価する方法も採られる。また，本書では説明を省くが，血液を採取して染色体異常を調べることにより被ばく線量を評価する方法（生物学的線量評価）や，より高い線量の被ばくに対して白血球数や精子数の減少パターンから線量推定を行う方法（臨床学的線量評価）が用いられることもある。

【例題】 表面汚染の管理で正しいのはどれか。二つ選べ。

1. 傷口の汚染は直ちに温流水で洗い流す。
2. 体内摂取防止には乾式除染が有効である。
3. 皮膚の除染には消毒用エタノールを用いる。
4. 表面汚染の検出にはスミア法が有効である。
5. 表面密度限度の5分の1以下であれば管理区域外へ持ち出してよい。

【解答】 表面汚染の可能性がある場合，4.スミア法などを用いてそのレベルを確認し，1.傷口に汚染がある場合は直ぐに洗い流す。2.体内摂取の防止には湿式除染が有効である。3.皮膚の除染には水や中性洗剤を用いる。5.管理区域外へ持ち出せるのは表面汚染のレベルが表面密度限度の10分の1以下の場合である。正解は1と4。

演　習　問　題

5-1　下文の（　）に入る語句の組合せで正しいのはどれか。

“放射線防護体系の三原則は，放射線被ばくを伴ういかなる行為も（　A　）され，合理的に達成できるよう（　B　）され，（　C　）の被ばくは（　D　）を超えてはならない。”

1　A　最適化　　B　正当化　　C　個　人　　D　線量限度
2　A　最適化　　B　正当化　　C　患　者　　D　線量拘束値
3　A　正当化　　B　最適化　　C　個　人　　D　線量限度
4　A　正当化　　B　最適化　　C　患　者　　D　線量限度
5　A　正当化　　B　最適化　　C　個　人　　D　線量拘束値

5-2　放射線診療従事者に対する線量限度で正しい組合せはどれか。

1　実効線量限度 ………………………………………………… 20 mSv/年
2　女子の実効線量限度 ………………………………………… 20 mSv/年
3　眼の水晶体の等価線量限度 ………………………………… 300 mSv/年
4　皮膚の等価線量限度 ………………………………………… 500 mSv/年
5　妊娠の申し出から出産までの腹部表面等価線量限度　　1 mSv

5-3　内部被ばくに関する放射線防護の原則で重要でないのはどれか。

1　閉じ込め
2　集　中
3　希　釈
4　遮へい
5　分　散

5-4　γ線源の取扱いで正しいのはどれか。二つ選べ。

1　作業時間を短縮する。
2　近接して線源を取扱う。
3　模擬線源で操作法を調整する。
4　原子番号の低い物質で遮へいする。
5　線源からできるだけ離れた位置で遮へいする。

5-5　非密封放射線源の取扱いで誤っているのはどれか。

1　固体状の線源は素手で扱うことができる。

2　調剤を行うフード内を陰圧とする。
3　液体状線源を取扱う時は受皿を使用する。
4　液体状線源を取扱う時はゴム手袋を着用する。
5　粉末状線源の取扱いはグローブボックスで行う。

5-6　放射線と遮へい物質の組合せで誤っているのはどれか。
1　α 線 …………………………………………………… 紙
2　β^- 線 …………………………………………………… プラスチック
3　β^+ 線 …………………………………………………… アルミニウム
4　γ 線 …………………………………………………… 鉛
5　X 線 …………………………………………………… タングステン

5-7　熱ルミネセンス線量計（TLD）と関連のないのはどれか。
1　フェーディング
2　アニーリング
3　超直線性
4　グロー曲線
5　エネルギー分解能

5-8　蛍光ガラス線量計で誤っているのはどれか。
1　線量率依存性が小さい。
2　照射直後から測定できる。
3　紫外線励起による発光を測る。
4　使用中に線量を随時チェックできる。
5　フィルムバッジより大線量の測定ができる。

5-9　放射線測定器と使用用途との組合せで正しいのはどれか。
1　TLD …………………………………………………… 個人の内部被ばく線量測定
2　蛍光ガラス線量計 ……………………………… 排水中の放射性同位元素濃度測定
3　GM 管式サーベイメータ ……………………… X 線診療室の漏洩線量測定
4　電離箱式サーベイメータ ……………………… 管理区域床面の表面汚染測定
5　NaI(Tl) シンチレーション式サーベイメータ … 環境の空間線量率測定

6．測定値の取り扱い

我々は，放射線計測を様々な目的で行うが，測定器で得られた生のデータそのままの形で科学的に意味のある解釈ができることは稀である。この章では，測定値の取り扱いについて学んでみよう。

6.1　測定誤差とは

ガイガーカウンタで，環境放射線を測定することを考えてみよう。福島の原発事故以降，各地で，自前の計測機器を用いた線量の報告が盛んになった。今，自宅の雨樋の下が 1 分測定して 3 カウントだったとする。隣の公園の砂場も測ってみると 1 分間測定して 4 カウントだった。この測定から，公園の砂場は，自宅よりも空間線量率が高いと結論して良いのだろうか？

この問いについて考える前に，ガイガーカウンタで同じ場所を何度も測定してみることにしよう。「同じ場所なんだから同じ値がでるに決まっている」と思ってはいけない。
1 時間測定を行い，測定したデータを 1 分ごとに記録すると，図 6.1 のようなグラフになるだろう（これは架空のデータである）。これを見ると，1 分ごとに同じ場所でも大きかったり，小さかったり測定値がバラバラであることがわかる。そこで，この 60 個の計数率のヒストグラムを作成してみると図 6.2 のようになる。

同じ RI を測ったはずなのに，測定値が異なっている。これはどういうことだろうか？読者の中には，この測定値のぶれが，測定誤差だと思った人もいるかもしれない。小学校の時に，メスシリンダーの目盛りを読み取る仕方が人によって異なったように，きっと機械でやって

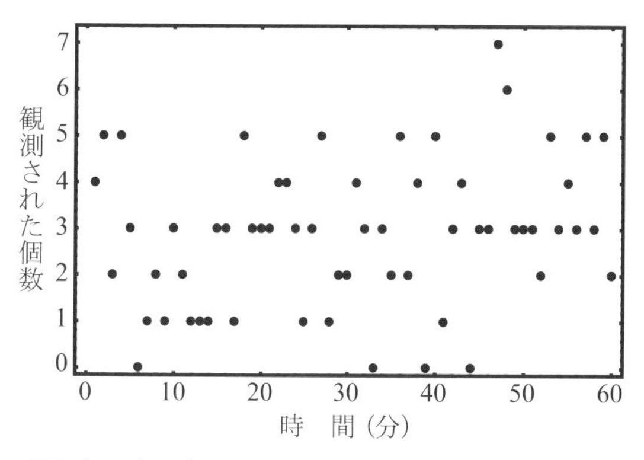

図6.1　ガイガーカウンタで計測されたカウント値

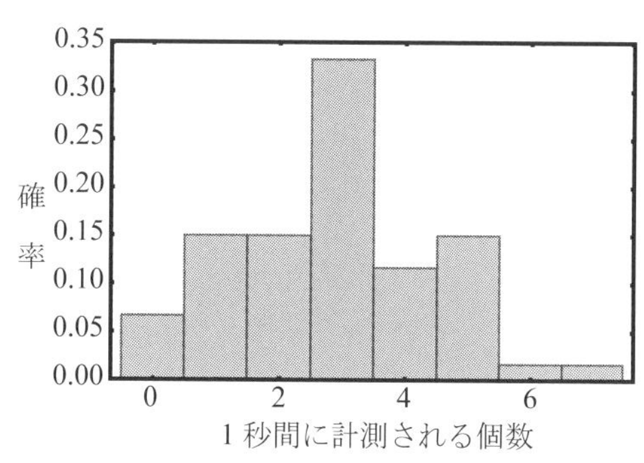

図6.2　ガイガーカウンタでの計数率をヒストグラムにしたもの

もこの程度の間違いはあるのだと。

機械によってもばらつきはでるとは思うが，結論から言うと，実は，全く誤ることのない神の検出器のようなものを用意しても，やはり放射線の計数値はばらつくはずなのである。どういうわけか，その理由を考えてみよう。

原子核のある原子が壊変するかどうかということは，量子力学によって決まっている。この理論によれば，ある原子が壊変するかどうかを前もって決定することはできず，確率の言葉でしか法則を書き下すことができない。そのため，単位時間に実際にどれだけの個数の原子が壊変するのかという情報を前もって決定することは原理的に不可能であり，我々が原理的に知りうるのは，壊変数の確率分布のみである。

原理的に確率過程で記述される放射壊変の計測においては，計測される値に確率分布としての幅がある。これは原理的な問題であって，何か不正確なものを使ったから幅を持つのではないことに注意する必要がある。こういった文脈から，この種の幅を自然幅と呼ぶ分野もある。もう一度繰り返すと，計測誤差が 0 であるような神の検出器を用いても，放射線の計測値はやはりばらつく。

まだ少し半信半疑な人は，今のうちに 6.4 節の統計モデルを読んでみるとすっきりすると思う。放射線計測において，計測する値に幅がでるのは、数学的に不可避な事実である。

すると，計測値がばらつくことが避けられないなら，そもそもどのような値を，我々は求めようとしているのか，疑問に思うだろう。そこで，図 6.2 にもう一度戻ってみよう。このヒストグラムからわかることは，確かに，計測値は計測ごとにばらつくが，そのばらつきかたには規則性があるらしいということだ。図では，平均値の辺りがもっとも出やすい値で，それより離れた計測値をとる確率は徐々に減っていくように見える。後で見るように，この確率分布は，簡単なモデルからも導くことができる。普通，放射線計測で我々が知りたいのは，このような確率分布そのものであり，簡単な測定では確率分布を特徴付ける量（平均や分散など）の値である。ここは重要なポイントなので，もう一度頭を整理しておこう。

6.2　データの表現

放射線計測に限った話ではないが，データの表現は，データを生成するメカニズムを推測し，未来の計測値を予言する上で，本質的に重要な解析のテクニックである。たとえば，図 6.2 で示した計測値のヒストグラムは，代表的なデータの視覚化方法である。

放射線計測でよく利用される表現は，$300 \pm 15\ \mathrm{s}^{-1}$ のような表現である。これは一般的には，$a \pm b$ という形に書かれていて，a は測定の期待値を，b は測定に期待される確率分布の標準偏差を表している。したがって，後に正規分布の節に見るように，この計測値が正規分布に従っていると仮定すると，（300－15＝）285 から（300＋15＝）315 の間に，次の計測値が計測される確率は 67%ほどになる。

6.3　系統誤差と偶然誤差

もし，真の物理的モデルというものがあり，それによって予測される値を真の値と呼ぶなら，計測された値は，普通真の値からのずれをもつ。このときのずれを通常は誤差と呼ぶ。潔癖な人は偏差と呼ぶこともある。

この誤差の要因を，生成要因から

誤差＝系統誤差＋偶然誤差

のようにわけて考えるとわかりやすい。

系統誤差というのは，そもそも我々が仮定した計算モデルが，真の物理的なモデルと異なっているために生じたり，機器に不具合があって計測値が一定の方向にずれているような状況で起こる誤差である。

それに対して，偶然誤差は，計測値が確率過程の結果であるという事実に基づく不可避のずれであり，この部分について，以下の節で大きさの推定を試みる。

6.4　統 計 モ デ ル

放射線計数過程は本質的に確率過程であるので，計測値は確率分布に従う。この節では，確率分布としてよく仮定される分布について説明する。これらの分布は，より複雑なモデルを組み立てる上での基本構成要素のようなものである。

6.4.1　2　項　分　布

2項分布は，計数過程の基本となる確率分布である。

問題を非常に単純化して考えて，大量の放射線が検出器に入ってきたとき，検出器内で相互作用してカウントされる確率をp，相互作用をせずにそのまま素通りする確率を$1-p$とする。

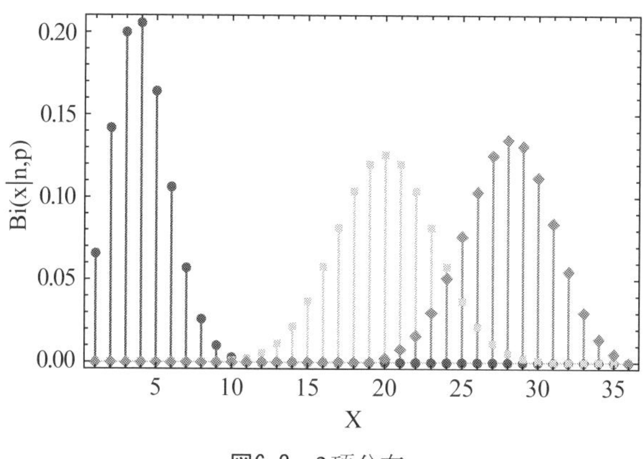

図6.3　2項分布

この確率がすべての粒子に渡ってすべて同じであるという単純なモデルを考えると，これは高校の時に学習したコイン投げの分布と同じモデルであることがわかるだろう。たとえば，表が出る確率が p，裏が出る確率が $1-p$ の偏りのあるコインを n 枚投げるときのモデルに相当する。

高校で学習したように，放射線が検出器に相互作用した回数がx回起こる確率を表すと，

$$\mathrm{Bi}(x \mid n,\ p)=\binom{n}{x}p^{x}(1-p)^{n-x}$$

となる。この分布を，**2 項分布**と呼ぶ。2 項分布の平均値は,もちろん np である。これは，貴重なカードが入っている確率が $p=1/20$ のおまけつきチョコ菓子があった場合に，$n=100$ 個大人買いすれば，$np=5$ 個程度入っているだろうという，大方の予想と一致している。上の確率分布は，離散的な値の分布であることに注意しよう。

6.4.2　ポアソン分布

原理的には，2 項分布で放射線の計測値をモデル化することが出来るわけだが，2 項分布には，n が大きいときに，計算量が爆発的に増大するという問題がある。そこで，放射線のような稀な現象，すなわち，$p \ll 1$ の場合に，2 項分布を簡略化することを考えたい。

一つの方法は，2 項分布の平均値 np を一定値に保ったまま，$n\to\infty$ の極限を考えるという方法で，様々な教科書に導出が載っているので，ここでは省略する。このようにして得られた確率分布を**ポアソン分布**とよび，その確率質量関数は，$\mathrm{Po}(x \mid \lambda)=\dfrac{\lambda^{x}}{x!}e^{-\lambda}$，$x=0,1,2\cdots$ で定義される。これなら，電卓でも簡単に計算ができる。

ポアソン分布の重要な特徴は，分布が λ というたった一つのパラメータで決まるということである。特に，期待値と分散が，ともに λ になるという性質は重要である。

確率質量関数を図示すると，図 6.4 のようになる。

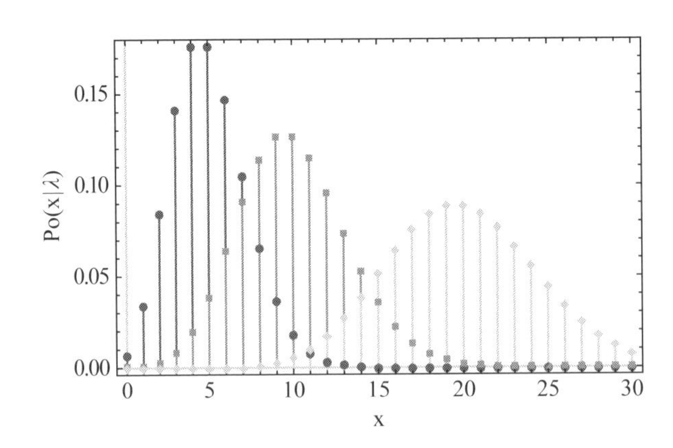

図6.4　ポアソン分布のグラフ
平均が5，10，20のグラフ.

【例題】 放射能の測定で，相対標準偏差が 1%以下となる最小のカウント数はいくらか。

【解答】 放射能のカウント数 N は，ポアソン分布に従うと仮定できるので，標準偏差は $\sqrt{N}$ となる。したがって，相対標準偏差は

$$\frac{\sqrt{N}}{N}=\frac{1}{\sqrt{N}}$$

となる。これが 1%以下になるという条件は，

$$\frac{1}{\sqrt{N}}\leq 0.01$$

である。これを解くと，$N\geq 10000$ なので，最小のカウント数は 10000 となる。

【例題】 ある試料を 20 分間測定したところ，40000 カウントの計測値を得た。この試料の 1 分間あたりの計数率を計算せよ。

【解答】 計数値 40000 カウントは，ポアソン分布に従って標準偏差 200 を持つ。これを計数率に換算すると，

$$\frac{40000}{20}\pm\frac{\sqrt{40000}}{20}=2000\pm 10\mathrm{min}^{-1}$$

となる。

6.4.3 正 規 分 布

サンプル数が大きくなってくると，2 項分布を真面目に計算するのは大変困難になってくる。というのは，2 項分布の式に含まれている階乗の計算量が大きくなり，大変な時間を食うからである。そこで，2 項分布のサンプル数を無限大に取ったときの極限としての分布が，近似的な計算のために非常によく使用される。この分布のことを**正規分布**と呼ぶ。

1 変数の場合の，正規分布は，

$$\mathrm{Norm}(x\mid\mu,\ \sigma^2)=\frac{1}{\sqrt{2\pi\sigma^2}}e^{-\frac{(x-\mu)^2}{2\sigma^2}}$$

となる。正規分布は，μ と σ^2 の二つのパラメータを指定することにより決まる。このとき，μ と σ^2 は正規分布の平均と分散にそれぞれ対応していることを計算で簡単に確かめることができる。

正規分布は，連続量についての確率分布であることには注意しなくてはならない。したがって，「正規分布で $x=1$ をとる確率」と書けば 0 になってしまう。

連続変数の確率分布を考える際には，必ずある幅を持つ確率という形で表現をする。たとえば，x が 1 と 2 の間をとる確率 $P(1\leq x\leq 2)$ は，

$$P(1 \leq x \leq 2) = \int_{x=1}^{x=2} \mathrm{Norm}(x \mid \mu,\ \sigma^2)\,\mathrm{d}x$$

のように計算する。前の例で，$x=1$ をとる確率が 0 というのは，積分区間の幅が 0 であることからも理解できるだろう。

母分布が $\mathrm{Norm}(x \mid \mu,\ \sigma^2)$ である確率変数 x の場合，計測する度に x は変動するが，その変動の幅を計算することは容易である。たとえば，$x \in [\mu-\sigma,\ \mu+\sigma]$ である確率は，

$$\int_{\mu-\sigma}^{\mu+\sigma} \mathrm{Norm}(x \mid \mu,\ \sigma^2)\,\mathrm{d}x = 0.68$$

となるので，平均値の周りの標準偏差程度の変動は，事象全体の 7 割くらいに収まると考えることができる。$x \in [\mu-2\sigma,\ \mu+2\sigma]$ である確率は，

$$\int_{\mu-2\sigma}^{\mu+2\sigma} \mathrm{Norm}(x \mid \mu,\ \sigma^2)\,\mathrm{d}x = 0.95$$

であるので，平均値の周りに標準偏差の 2 倍程度散らばる確率は 95%程度である。さらに，

$$\int_{\mu-3\sigma}^{\mu+3\sigma} \mathrm{Norm}(x \mid \mu,\ \sigma^2)\,\mathrm{d}x = 0.997$$

であるから，平均値の周りに標準偏差の 3 倍を超えて値をとってしまう確率は，全体の 0.3% ほどであるということができる。年配の方は，「千三つ」という覚え方で，この確率を記憶している人が多い。

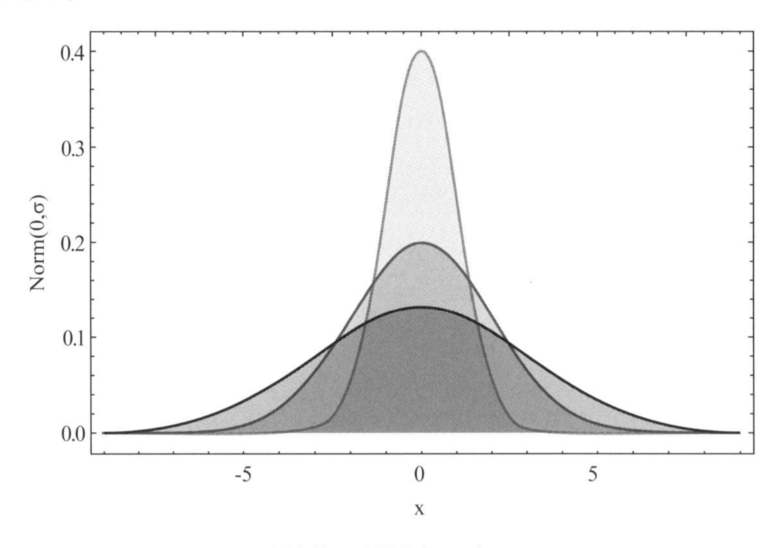

図6.5　正規分布のグラフ
3つのグラフはすべて平均が0，標準偏差は1，2，3のグラフである．

6.5　統計誤差を見積もる方法

ここでは，現実のシナリオに即して，統計誤差を見積もる方法について解説しよう。まず，多くの国家試験問題などで仮定されている一回きりの計測での不確実さの推定から始める。1回きりの計測なので，計測値を分布の平均値と置くのが妥当であることがわかる（少し進んだ読者には，最尤推定の推定値が計測値と一致することがわかるだろう）。

6.5.1　変数の誤差

もし，GM計数管の計測値そのものが知りたい値であって，1回しか計測をしないのなら，計測値そのものをポアソン分布の平均値として，推定することになる。したがって，計測に付随する誤差は計測値の平方根を標準偏差とする。

もし，もう少し計測に余裕があった場合はどうだろう。たとえば，多くの病院施設において，電離箱での計測は一回きりというより，通常，3回の計測の平均値などが使用されているようである。このときに，1回の計測と同じと思い込んで，計測の平均値の平方根が標準偏差だと思うと，とんだ間違いをすることになるので注意が必要である。

同じ確率分布からn回の計測をして得られた平均値を取り出すという作業を100回行ってみたのが，図6.6である。図からわかるように，明らかに確率分布の幅が狭くなっていることがわかる。母分布の標準偏差がσであるとき，n回の計測をして得られた平均値の分布の標準偏差は$\sigma/\sqrt{n}$になることが知られている。

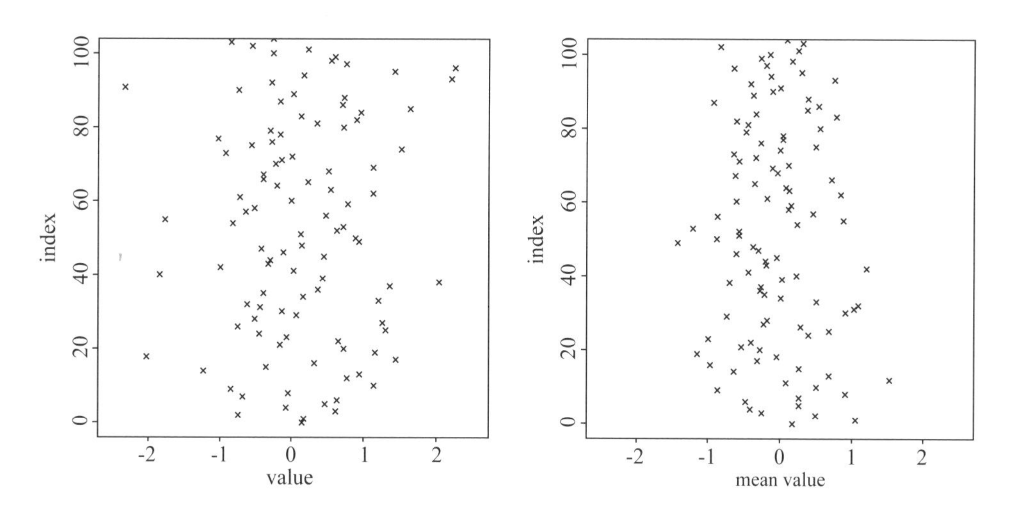

図6.6　平均値の分布のシミュレーション
左の図は，1回の測定の分布．右の図は，3回の測定の平均の分布．

6.5.2 誤　差　伝　搬

これまで述べた話では，計測値の平均値を母分布の期待値と仮定して良いケースであった。このような状況は，放射線治療の線量検証のような，シグナルの方がバックグラウンドに比べて圧倒的に高い場合では正当化されるが，給食に含まれうる放射能の測定のような，RI 自体の放射能が極めて小さく，シグナルとバックグラウンドが近い値の場合には，問題となる。そこで，ここでは誤差の伝播と呼ばれる確率変数を組み合わせた量の不確実さの推定方法について考えることにしよう。

$x_i (i=1, 2, \cdots, M) \in \mathbb{R}$を実験などで得られる確率変数とし（$\mathbb{R}$は実数全体の集合を表す），それぞれの変数が $x_i \sim \mathrm{Norm}(\mu_i, \sigma_i^2), i=1, 2, \cdots, M$，すなわち平均 μ_i，分散 σ_i^2 の正規分布にしたがい，お互いに無相関とする。このとき，我々が考えたいのは，「これらの確率変数 $x_i (i=1,2,\cdots,M)$を使って組み立てられる関数 $f(x_1, x_2, \cdots, x_M)$の不確かさがどの程度になるだろうか」という問題である。式を見やすくするために，$\boldsymbol{x}=(x_1, x_2, \cdots, x_M)^{\mathrm{T}}$，$\boldsymbol{\mu}=(\mu_1, \mu_2, \cdots, \mu_M)^{\mathrm{T}}$というベクトルを導入する。添え字の T は転置の記号である。すると，知りたいのは $f(\boldsymbol{x})$についての不確かさ σ_fと言うことになる。

そこで，$f(\boldsymbol{x})$を $\boldsymbol{\mu}$ のまわりでテイラー展開すると，

$$f(\boldsymbol{x})=f(\boldsymbol{\mu})+\sum_{i=1}^{M}(x_i-\mu_i)\frac{\partial f}{\partial x_i}+o\left(\|x\|^2\right)$$

となるから，

$$\begin{aligned}\sigma_f^2 &= E\left[\left(f(\boldsymbol{x})-f(\boldsymbol{\mu})\right)^2\right]=E\left[\left(\sum_{i=1}^{M}(x_i-\mu_i)\frac{\partial f}{\partial x_i}\right)^2\right] \\ &= E\left[\sum_{i=1}^{M}\left((x_i-\mu_i)\frac{\partial f}{\partial x_i}\right)^2+\sum_{i\neq j}\frac{\partial f}{\partial x_i}\frac{\partial f}{\partial x_j}(x_i-\mu_i)(x_j-\mu_j)\right] \\ &= E\left[\sum_{i=1}^{M}\left((x_i-\mu_i)\frac{\partial f}{\partial x_i}\right)^2\right]+E\left[\sum_{i\neq j}\frac{\partial f}{\partial x_i}\frac{\partial f}{\partial x_j}(x_i-\mu_i)(x_j-\mu_j)\right]\end{aligned}$$

と変形できるが，ここで確率変数 x_i，$x_j (i\neq j)$については，無相関としているので，上の式の右辺第 2 項は 0 となり，第 1 項だけが残る。したがって，

$$\sigma_f^2=E\left[\sum_{i=1}^{M}\left((x_i-\mu_i)\frac{\partial f}{\partial x_i}\right)^2\right]=\sum_{i=1}^{M}\left(\frac{\partial f}{\partial x_i}\right)^2 E\left[(x_i-\mu_i)^2\right]$$

となるが，ここで，$E\left[(x_i-\mu_i)^2\right]=\sigma_i^{\,2}$ であることを思い出せば，

$$\sigma_f^{\,2}=\sum_{i=1}^{M}\left(\frac{\partial f}{\partial x_i}\right)^2\sigma_i^{\,2}$$

と書ける。この式は，**誤差伝播の式**と呼ばれている。

国家試験などでよく出てくるタイプの公式は，誤差伝播の式において $M=2$ とし，変数間における演算を加減乗除にとったものである。

6.5.3 和差の公式

$\boldsymbol{x}=(x_1,\ x_2)^{\mathrm{T}}$ として，$f(\boldsymbol{x})=a_1x_1-a_2x_2,\ a_i(i=1,\ 2)\in\mathbb{R}$ は定数とする。このとき，誤差伝播の式を使うと，

$$\sigma_f{}^2=\sum_{i=1}^{2}\left[\left(\frac{\partial f}{\partial x_i}\right)^2\sigma_i^2\right]=\sum_{i=1}^{2}a_i^2\sigma_i^2$$

となる。特に，$a_1=a_2=1$ とおけば，

$$\sigma_f{}^2=\sum_{i=1}^{2}\sigma_i^2$$

となる。したがって，

$$\sigma_f=\sqrt{\sum_{i=1}^{2}\sigma_i^2}$$

ここまでの計算で，$f(\boldsymbol{x})=a_1x_1+a_2x_2$ としても全く同じ結果が導かれることはすぐにわかるだろう。それゆえ，上で導いた式は和差の誤差伝播公式と呼ばれることがある。

6.5.4 積商の公式

次に，積と商の場合を考えてみよう。

$\boldsymbol{x}=(x_1,\ x_2)^{\mathrm{T}}$ として，$f(\boldsymbol{x})=ax_1/x_2,\ a\in\mathbb{R}$ は定数とする。このとき，誤差伝播の式を使うと，

$$\sigma_f{}^2=\sum_{i=1}^{2}\left[\left(\frac{\partial f}{\partial x_i}\right)^2\sigma_i{}^2\right]=\left(a\frac{1}{x_2}\right)^2\sigma_1{}^2+\left(-\frac{ax_1}{x_2{}^2}\right)^2\sigma_2{}^2$$

となるから，

$$\sigma_f=a\sqrt{\left(\frac{1}{x_2}\right)^2\sigma_1{}^2+\left(\frac{x_1}{x_2{}^2}\right)^2\sigma_2{}^2}$$

となる。このままでも計算には使えるが，憶えやすい形にするために，相対標準偏差の形に書き換えてみよう。上の式の両辺を $f(\boldsymbol{x})=ax_1/x_2$ で割ると，

$$\frac{\sigma_f}{f}=\sqrt{\left(\frac{\sigma_1}{x_1}\right)^2+\left(\frac{\sigma_2}{x_2}\right)^2}$$

となって，相対標準偏差の形だと和差の場合と同じように表現することができる。今の議論は，そのまま $f(\boldsymbol{x})=ax_1x_2$ の場合にも成り立ち，上と同じ形になることがわかる。

最後に，この公式を直接適用できる例題を見てみよう。

【例題】 統計誤差 4%の計測値 A と統計誤差 3%の計測値 B から計算される値 A/B の統計誤差はいくらか。

【解答】この問題では，誤差がはじめから相対標準偏差の形で与えられているので，商の誤差伝播の式より，$\sqrt{0.04^2+0.03^2}=0.05$ となるから，5%が答えとなる。

6.5.5　計数率の不確かさ

実際に記録される測定値はあくまで計数値であり，これがポアソン分布に通常は従う。しかしながら，実際には報告すべき値が計数率（計数値を計数時間で割ったもの）であることはよくある。ここでは，計数率についての不確かさをどう見積もるべきか考えてみよう。

たとえば GM 管で RI を計数することなどを念頭に置いて，つぎのような設定を考える。まず，GM 管の前に試料を置いて，時間 t_G の間に計数値 N_G が計測されたとする。このときの計数値は，試料からの放射線と自然放射線などの試料以外からの放射線の計数値の和であると考えられるので，試料以外からの放射線（これをバックグラウンドと呼ぶ）の計数値を測るために，試料を GM 管の前から除いて，時間 t_B の間に計数値 N_B をバックグランド計測値として得たとしよう。

計数率として，

$$g=\frac{N_G}{t_G},\quad b=\frac{N_B}{t_B}$$

とすると，正味の計数率rは，

$$r=g-b=\frac{N_G}{t_G}-\frac{N_B}{t_B}$$

と表すことができる。ここで，r の不確実性を見積もるために，$r=r(N_G,\ N_B)$ と見なすことにすると，誤差伝播の式から，

$$\sigma_r=\sqrt{\left(\frac{\partial r}{\partial N_G}\right)^2\sigma_G{}^2+\left(\frac{\partial r}{\partial N_B}\right)^2\sigma_B{}^2}=\sqrt{\frac{\sigma_G{}^2}{t_G{}^2}+\frac{\sigma_B{}^2}{t_B{}^2}}$$

ここで，計数値 N_G，N_B は，ポアソン統計に従っていると仮定すると，$\sigma_G{}^2=N_G$，$\sigma_B{}^2=N_B$ となるので，

$$\sigma_r=\sqrt{\frac{N_G}{t_G{}^2}+\frac{N_B}{t_B{}^2}}$$

と書ける。

【例題】放射線試料を計測して，$N_G=1000$，$t_G=2\ \text{min}$，$N_B=500$，$t_B=10\ \text{min}$ の場合の正味計数率 r とその標準偏差 σ_r を求めよ。

【解答】まず，

$$r=\frac{N_G}{t_G}-\frac{N_B}{t_B}=\frac{1000}{2\ \text{min}}-\frac{500}{10\ \text{min}}=450\ \text{min}^{-1}$$

$$\sigma_r = \sqrt{\frac{N_G}{t_G{}^2} + \frac{N_B}{t_B{}^2}} = \sqrt{\frac{1000}{(2\,\mathrm{min})^2} + \frac{500}{(10\,\mathrm{min})^2}} \sim 16\,\mathrm{min}^{-1}$$

このままでも答えになっているが，このような状況を，慣習的に

$$r = 450 \pm 16\,\mathrm{min}^{-1}$$

と書く。

6.6　計数実験の最適化

ここでは，さらに様々な状況を考えてみよう。

まずは，次のような問題を見てみよう。

【例題】放射線試料を1分間計測したところ，バックグラウンドも含めた試料の計数値が1600カウント，バックグラウンドの計数値が100カウントであった。全計測時間を30分間としたとき，正味の計数率の統計誤差を最小にするような最適な時間配分を求めよ。

このような問題を考える際には，2段階に分けて考える。

Step1) 短時間の予備測定を行い，

$$g = \frac{N_G}{t_G},\quad b = \frac{N_B}{t_B}$$

を得たとする。この値に基づいて，時間配分を決定する。

Step2) σ_r を最小にする時間配分は，$\sigma_r{}^2$ を最小にする時間配分でもある。

そこで，以下の関数

$$f(t_G,\ t_B) = \sigma_r{}^2 = \frac{N_G}{t_G{}^2} + \frac{N_B}{t_B{}^2} = \frac{g}{t_G} + \frac{b}{t_B}$$

を最小にするような t_G，t_B，$t_G + t_B = T$ で求めれば良い。このような制約付きの最適化問題はラグランジュの未定乗数法で求めることができる。

> ラグランジュの未定乗数法
>
> ベクトル $\boldsymbol{x}$ に対し，$h(\boldsymbol{x}) = 0$ という等式制約条件が存在した状況下で $f(\boldsymbol{x})$ の最小値を求める問題を考える。未知の変数 $\lambda \in \mathbb{R}$ を用いてラグランジュ関数と呼ばれる次の関数
>
> $$L(\boldsymbol{x},\ \lambda) = f(\boldsymbol{x}) + \lambda h(\boldsymbol{x})$$
>
> を作ると，ラグランジュ関数 $L(\boldsymbol{x},\ \lambda)$ を入力変数 $\boldsymbol{x}$，λ で偏微分したものが0になるような時の $\boldsymbol{x}$（ラグランジュ関数自体の極値を求める条件）が，求める解となる。

ラグランジュ関数として

$$L(t_G, t_B, \lambda) = \frac{g}{t_G} + \frac{b}{t_B} - \lambda(t_G + t_B - T)$$

と取り，一次の必要条件から，

$$\frac{\partial L}{\partial t_G} = -\frac{g}{t_G^2} - \lambda = 0$$

$$\frac{\partial L}{\partial t_B} = -\frac{b}{t_B^2} - \lambda = 0$$

$$\frac{\partial L}{\partial \lambda} = t_G + t_B - T = 0$$

の連立方程式を解けば良い。最初の二つの式から，

$$\frac{g}{t_G^2} = \frac{b}{t_B^2}$$

となるので，

$$\frac{t_B}{t_G} = \sqrt{\frac{b}{g}}$$

が成り立つ必要がある。これと 3 番目の式を組み合わせて，t_G，t_B を求めることができる。

それでは，先ほどの例題に戻ってみよう。

放射線試料を 1 分間計測したところ，バックグラウンドも含めた試料の計数値が 1600 カウント，バックグラウンドの計数値が 100 カウントであった。全計測時間を 30 分間としたとき，正味の計数率の統計誤差を最小にするような最適な時間配分を求めよ。

【解答】 今の場合，

$$g = 1600\ \mathrm{min}^{-1},\quad b = 100\ \mathrm{min}^{-1}$$

であるから，

$$\frac{t_B}{t_G} = \sqrt{\frac{b}{g}} = \sqrt{\frac{100}{1600}} = \frac{1}{4}$$

となる。これと，全体の時間が 30 分間であることから，

$$t_G + t_B = 30\ \mathrm{min}$$

を合わせると，$t_G = 24\ \mathrm{min}$，$t_B = 6\ \mathrm{min}$ を得る。

演　習　問　題

6- 1　放射性試料を検出器で 5 分間測定し，5500 カウントが得られた。また，バックグラウンド計数値は 60 分間で 3000 カウントであった。この試料の正味の計数率[cpm]を求めよ。

6- 2　GM 計数管で 100 分間測定したところ，10,000 カウントを得た。この時の標準偏差は何 cpm か。

6- 3　放射性試料を 3 分間測定したところ 3,000 カウントであった。バックグラウンドは 15 分間測定して 600 カウントであった。試料の計数率[cpm]とその標準偏差を求めよ。

6- 4　放射能の測定で相対標準偏差 5%を得るために必要な最小カウントはどれくらいか。

6- 5　ある試料の計数値が c_S，標準偏差が σ_S で，同じ測定時間でのバックグラウンドの計数値が c_b，標準偏差が σ_b であるとき，試料の正味の計数値の標準偏差を求めよ。

6- 6　放射性試料を 1 分間測定したところ，試料の正味計数値が 400 カウント，バックグラウンドの計数値が 50 カウントであった。全測定時間を 1 時間としたときの時間配分で適切なものを求めよ。

	バックグラウンド	バックグラウンド＋試料
1	50 分	10 分
2	45 分	15 分
3	30 分	30 分
4	15 分	45 分
5	10 分	50 分

6- 7　検出効率が 70%のウェル型シンチレーション検出器で 1 分間測定して 4200 カウントを得た。放射能は何 Bq か。

演 習 問 題 解 答

1　放射線計測の基礎

1-1　　1，2，5

3の質量阻止能の単位は J・kg^{-1}・m^2 である。4の照射線量の単位は C・kg^{-1} である。

1-2　　1

放射能の単位は s^{-1} である。

1-3　　5

質量エネルギー吸収係数は，光子に対して定義されることに注意しよう。

1-4　　3

カーマは，非荷電粒子がすべての物質に対して作り出す二次荷電粒子について定義される量である。

1-5　　4

照射線量が空気のみを対象として定義されているという事実に，物理学的な意味はほとんどないが，歴史的な理由でそうなっているので，注意して覚えておこう。

1-6　　3

制動放射光子に渡されたエネルギーは，その場でのエネルギー付与には寄与しないので，$(1-g)$ が吸収エネルギーに寄与する割合となる。

1-7　　3，4

質量エネルギー吸収係数は，エネルギーという言葉が入ってはいるが，エネルギーの次元は持っていないことに注意しよう。

1-8　　2，5

1のW値は直接には荷電粒子に対して定義される量である。3の阻止能は，荷電粒子に対して定義される量である。4の照射線量は，光子に対して定義される量である。

演 習 問 題 解 答

2　放射線・放射能の検出原理

2-1　　1，5

自由空気電離箱で測定するのは照射線量（2），Fricke 線量計が利用するのは酸化作用（3），熱ルミネセンスは熱を与えることで発光する（4）。

2-2　　4，5

TLD は熱による刺激（1），OSLD は可視光による刺激（2），ガラス線量計は紫外線パルスによる刺激（3）で生じた蛍光を読み取る。なお，ガラスの着色を放射線測定に利用することもあるが，そのガラスを線量計と呼ぶことはまずないので，ガラス線量計と言えば蛍光ガラス線量計を意味すると言える。

2-3　　2，5

増幅作用で特徴付けられるのは GM 計数管（1），蛍光ガラス線量計は紫外線照射（3），熱ルミネセンス線量計は加熱（4）によって信号を読み取る。

2-4　　3，4

電離箱（1）は電離（電流）を測るものでシンチレーションとは無関係。CR-39（2）は飛跡（エッチピット）を，蛍光ガラス線量計（5）はラジオフォトルミネセンスを観る。なお，グロー曲線とは，熱ルミネセンス線量計（TLD）の温度と発光量の関係を図示したもの。

2-5　　1

OSL は Optically Stimulated Luminescence（光刺激ルミネセンス）の略で，光照射することで生じる蛍光を利用して線量を評価する。

2-6　　3

イメージングプレートは OSL 物質（輝尽性蛍光体）の粉末をプラスチックフィルムに塗布したもので，高感度でダイナミックレンジが広いといった特長がある。X 線を用いた透過撮影やオートラジオグラフィ（γ／β／α 線の検出）の他，中性子や重荷電粒子の測定等にも使用されている。ただし，フェーディングが大きいため，線量計として用いることは難しい。正解は 3。

2-7　　1, 3

シンチレーション検出器（2），蛍光ガラス線量計（4），熱ルミネセンス線量計（5）は励起作用によって生じた可視光域の光を測定する。

2-8　5

チェレンコフ検出器（1）は発光（チェレンコフ光），金箔しきい検出器（2）は核反応（放射化），CsI(Tl)シンチレーション検出器（3）は発光（シンチレーション），蛍光ガラス線量計（4）は発光（ルミネセンス）を利用した測定を行う。

2-9　2

蛍光ガラス線量計はラジオフォトルミネセンス（RPL）を利用する。ロングカウンタとは BF_3 比例計数管のこと（3）。

演 習 問 題 解 答

3 代表的な放射線測定器

3-1　2，5

1　照射線量は間接電離性放射線から発生した荷電粒子による空気中での作用である。

3　二次電子を生じる媒質もエネルギーを失う媒質も空気である。

4　照射線量はX線，γ線に適用されるものであり，電子線には適用されない。

3-2　1，4

2　自由空気電離箱は平行平板形電離箱であるため極性効果を考慮する必要がある。

3　保護電極は集電極と同じ平面に設置され，電気分布を一定に保つ役割を担っている。

5　有効電離容積部分で生じた二次電子が電極に衝突してしまうと新たな電子を生じることになる。そのため，集電極と高圧電極との間隔は二次電子の飛程の2倍以上とする。

3-3　1，2

3　電離箱内には空気が封入されており，飽和電離電荷が測定される。

4　シャロー形電離箱は，平行平板形電離箱であるため表面近傍の測定に用いられる。

5　ファーマ形電離箱は外壁が曲面をしているため電離中心は幾何学的中心とはならない。実効中心は，0.6r線源側にある。

3-4　2，4

1　イオン再結合は放射線による電離で生じた正負イオンが収集されることなく，再結合したものでありイオン収集効率とは逆数の関係にある。

3　イオン再結合は電離箱の形状に影響される。そのためファーマ形とシャロー形とでは異なる。

5　イオン再結合は電離密度によって異なる。そのため連続放射線とパルス放射線とでは異なる。

3-5　1，3

2　有機シンチレータの発光機構は放射線によって分子が励起され，その後基底状態へ戻る時に発光されるものである。

4　シンチレータは発光効率を上げるために少量の活性化物質を入れている。放射線の電離によって生じた電子が捕獲中心から活性化中心の基底準位に下がるときに発光する。

5　低エネルギーの放射線ではシンチレータの蛍光効率が高いものが使用される。

3-6　2，5

1　半導体は1イオン対を生成するためのエネルギーが約3 eVと低いため，検出効率は高くい状態となる。

3　表面障壁型は空乏層が1 mm以下となるため飛程の短い放射線の測定に適する。したがってα線，重荷電電量子の測定に用いられる。

4　n型半導体は，Ⅳ族であるSiにAsなどのⅤ族を微量入れたものである。これによりSiが伝導電子を多く持つことになり，この伝導電子によって電荷が運ばれる。

3-7　3，5

1　比例計数管は電子なだれを起こすが，その使用電圧から光子を発生させるような反応は起こらない。したがって光電子は発生しない状態で使用されている。

2　比例計数管内はアルゴン90%，メタン10%のPRガスが封入されている。

4　2π ガスフロー計数管は測定する物質を計数管内に設置するため放射線が窓を通り抜ける構造ではない。したがって窓による吸収補正は必要ない。

3-8　1，4

2　GM計数管は，発生した陽イオンにより電場が弱められ，放射線の種類やエネルギーに関係なく出力パルスは一定となる。したがってエネルギー分析は不可能である。

3　電離なだれの後，陽イオンが壁などに衝突して二次電子を放出し電子なだれが繰り返される。この持続放電を止めないと測定はできない。

5　分解時間以上の計数率を持つ放射線では，印加電圧が回復する間もなく次の放射線が入射することになる。したがって分解時間の逆数以上で窒息現象を起こしてしまう。

3-9　3，4

1　速中性子は約10 cm厚のパラフィンにより減速され熱中性子となる。これによりBF_3比例計数管で測定できることになる。

2　中性子の反応として，$^{10}B(n,\ \alpha)^{7}Li$，$^{6}Li(n,\ \alpha)^{3}H$，$^{3}He(n,\ p)^{3}H$が重要であり，それぞれの反応を用いた中性子計測が行われる。

5　中性子と物質との弾性衝突によってエネルギーが失われるため，質量数が小さいほど中性子が失う運動エネルギーは大きくなる。

3-10　1，2

3　エネルギー100 eVあたりに生成した分子の数，またはエネルギー1 Jあたりに生成した分子数(mol)を表した放射線のG値が必要である。

4　セリウム線量計は，Ce^{4+}がCe^{3+}になる還元反応を利用したものである。

5　物質の酸化還元反応を利用するものであり，フリッケ線量計は酸化反応，セリウム線量計は還元反応である。

4　放射線エネルギーの測定技術

4-1　　5

γ線のエネルギースペクトルの測定ができるのは，Ge 半導体検出器である。

4-2　　3

GM 計数管は，入射放射線のエネルギーによらず，出力波高が一定なので，エネルギー計測ができない。その他の検出器は，出力波高がエネルギーに応じて変化するので，エネルギー測定に使用されている。

4-3　　4

^{60}Co が 1.17 MeV と 1.33 MeV の 2 本のγ線を放出することがわかっていれば，そのサムピークであることがわかる。

4-4　　4

NaI(Tl) でのエネルギー測定なので，対象は光子のエネルギースペクトルである。すると，エネルギー分解能を計算するのに適切なピークとしては，そのピークが単一のエネルギーの光子の寄与から生成されるピークで，そのピークを生成する光子の数が多いものということになるので，全エネルギー吸収ピークとなる。5 のブラッグピークは，荷電粒子に対して，横軸を深さに取ったときのエネルギー付与を描いたグラフ中に現れるピークで，エネルギースペクトル中のピークではない。

4-5　　3，4

3.09 MeV のγ線のエスケープピークの候補は，シングルエスケープピークの $3.09-0.51=2.58$ MeV，ダブルエスケープピークの $3.09-0.51\times2=2.07$ MeV である。選択肢の中だと 3，4 が相当する。

4-6　　4

表面障壁型半導体検出器は，α線のエネルギー測定にしばしば利用される。

演 習 問 題 解 答

5　被ばく線量の評価・管理

5-1　　3

放射線防護の原則として，放射線被ばくを伴ういかなる行為も正当化され，合理的に達成できるよう最適化され，個人の被ばくは線量限度を超えてはならないとされている。

5-2　　4

放射線診療／業務従事者の実効線量限度は 50 mSv/年かつ 100 mSv/5 年（1），女子の実効線量限度は 5 mSv/3 か月（2），眼の水晶体の等価線量限度は 50 mSv/年かつ 100 mSv/5 年（3），妊娠の申し出から出産までの腹部表面等価線量限度は 2 mSv（5）。

5-3　　4

内部被ばくに対する防護の原則は，閉じ込め（1），集中（2），希釈（3），分散（5）および除去の五つ。遮へいは外部被ばくに対する原則の一つ。

5-4　　1，3

外部被ばくに対する防護の原則（時間，距離，遮へい）に照らして，作業時間を短くすること，線源からの距離を長くとること，効果的に遮へいすることを考える。

5-5　　1

固体状であっても非密封線源は素手で取り扱ってはいけない。

5-6　　3

β^+線は物質中で電子と結合して消滅放射線（光子）を放出するので，X 線や γ 線と同様の遮へいを考える必要がある。エネルギーの高い β^-線については，制動放射を考慮し，低原子番号の物質を遮へいに用いるのが望ましい（2）。

5-7　　5

TLD ではエネルギーを測定できない。

5-8　　2

蛍光ガラス線量計では，照射直後には蛍光中心の生成が十分ではなく，それが完了するまで（ビルドアップ）に一日以上を要する。

5-9　5

TLD やガラス線量計は個人の外部被ばくの測定に（1，2），GM 管式サーベイメータは管理区域床面等の表面汚染の測定に（3），電離箱式サーベイメータは比較的線量率の高い場での空間線量の測定に用いる（4）。

演 習 問 題 解 答

6　測定値の取り扱い

6-1　　1050 cpm

試料を 5 分間測定して 5500 カウントだから，1100 cpm などと答えてはいけない。国家試験で試料の計数率といわれたら，試料のみの計数率のことを指す。バックグラウンドを引いた，いわゆる正味の計数率が聞かれているので，

$$\frac{5500}{5\ \text{min}} - \frac{3000}{60\ \text{min}} = 1050\ \text{cpm}$$

となる。

6-2　　1 cpm

10000 カウントの計数値はポアソン分布に従うので，標準偏差は $\sqrt{10000} = 100$ カウントと推定できる。これを計数率に換算すれば良いので，

$$\frac{\sqrt{10000}}{100\text{分}} = 1\ \text{cpm}$$

となる。

典型的な誤答は，この測定での計数率は 100 cpm なので，$\sqrt{100} = 10$ より 10 cpm を答えとするものである。計数率の値はポアソン分布には従わないので，平方根で標準偏差を推定できないことに注意する必要がある。

6-3　　計数率 960 cpm，標準偏差 18.3 cpm

問題 1 と同様に正味の計数率は，

$$\frac{3000}{3\ \text{min}} - \frac{600}{15\ \text{min}} = 960\ \text{cpm}$$

正味の計数率の標準偏差は，

$$\sqrt{\frac{3000}{3^2} + \frac{600}{15^2}} = 18.3\ \text{cpm}$$

となる。

6-4　　400 カウント

放射能測定で得られるカウント数を N とすると，

$$\frac{1}{\sqrt{N}} \leq 0.05$$

を解いて，$N \geq 400$ となるので，400 カウントが最小のカウントとなる。

6-5

正味の計数値を，問題文に与えられた記号で表すと，$c_S - c_b$ なので，和差の誤差伝播の公式より，標準偏差は，

$$\sqrt{{\sigma_S}^2 + {\sigma_b}^2}$$

となる。

6-6　4

今の場合，

$$g = 400 + 50 = 450\ \mathrm{min}^{-1},\quad b = 50\ \mathrm{min}^{-1}$$

であるから，

$$\frac{t_\mathrm{B}}{t_\mathrm{G}} = \sqrt{\frac{b}{g}} = \sqrt{\frac{50}{450}} = \frac{1}{3}$$

となる。これと，全体の時間が 60 分間であることから，

$$t_\mathrm{G} + t_\mathrm{B} = 60\ \mathrm{min}$$

を合わせると，$t_\mathrm{G} = 45\ \mathrm{min}$，$t_\mathrm{B} = 15\ \mathrm{min}$ を得る。

6-7

$$\frac{4200}{60\,\mathrm{s}} \times \frac{100}{70} = 100\ \mathrm{Bq}$$

〔索　　引〕

索　　引

ソ

タ

チ

テ

ト

ナ

ニ

ネ

ノ

ハ

〔執筆者紹介〕

古　徳　純　一　（ことく・じゅんいち）

帝京大学大学院医療技術学研究科教授。1977 年茨城県生まれ。東京大学大学院理学系研究科物理学専攻博士課程修了，博士（理学）。大学院在学時から，宇宙物理の分野で人工衛星搭載の放射線検出器の開発に携わる。日本医学物理学会の計測委員，日本学術振興会研究開発専門委員会委員等を歴任。現在は，医療の世界に，数理の力で革命を起こすべく奮闘中。

保　田　浩　志　（やすだ・ひろし）

広島大学原爆放射線医科学研究所線量測定評価研究分野教授。1965 年兵庫県神戸市生まれ。京都大学大学院工学研究科衛生工学専攻博士課程中退，京都大学博士（工学）。1992 年に科学技術庁放射線医学総合研究所（当時）に入所，同所の主任研究員やチームリーダー，文部科学省専門官，国連科学委員会事務局プロジェクトマネージャー等を歴任。趣味は絵を描くこと。

大　谷　浩　樹　（おおたに・ひろき）

帝京大学医療技術学部教授。1965 年群馬県生まれ。日本大学大学院理工学研究科量子理工学専攻博士課程修了，博士（理学）。放射線計測の高精度化をテーマに高エネルギー放射線の線量評価，および近年の環境放射能の変化において放射線防護・遮蔽材料の開発を行っている。日本医学物理学会の測定委員，防護委員を歴任。メンタルケアの資格を活かし放射能心理の相談もしている。

放射線計測学　（改題第 2 版）

1973 年 9 月 1 日　第 1 版発行
2011 年 1 月 31 日　6 訂版発行
2018 年 1 月 31 日　改題第 1 版発行
2021 年 9 月 30 日　改題第 2 版発行　

定価　3,300 円（本体 3,000＋税）

古 徳 純 一
著者　保 田 浩 志
大 谷 浩 樹

発行所　株式会社　通 商 産 業 研 究 社
東京都港区北青山 2 丁目 12 番 4 号（坂本ビル）
〒107-0061 TEL03（3401）6370　FAX03（3401）6320
URL　http://www.tsken.com

ISBN978-4-86045-140-0　C3040　¥3000E